产品创新设计与数字化制造技术技能人才培训规划教材

产品数字化设计

人力资源和社会保障部教育培训中心
机械工业教育发展中心　组编

主　编　高　舢　田　国
副主编　梁土珍　谢　馫
参　编　谢振中　凡　伟　易显钦　董海云
　　　　李会萍　梁　涛　杜培培
主　审　滕宏春　张玉荣

机械工业出版社

本书汇集作者团队多年来产品设计、研发及教学经验，与企业设计工作岗位职责相结合，以应用实例为载体，介绍了产品数字化设计的基本概念及实践操作。

本书内容由绪论及六个实操项目组成，六个项目依次为：产品数字化设计基础项目、无人机电机座零件测绘、活塞连杆机构建模、铝制手电筒结构设计、塑料成型类产品结构设计和豆浆机整机结构设计。使用 Pro/ENGINEER Wildfire 5.0 软件进行产品设计，项目设置从简单到复杂，设计理念从单一到复合，在介绍操作过程的同时，还包含相关实操技巧及知识拓展，有助于读者逐步提高设计水平。为提高阅读效果，本书采用双色印刷。

本书系统介绍了产品数字化设计相关概念及知识技能，实用性强，可作为高等职业院校、中等职业学校、技工学校相关专业的教学教材，可供产品设计人员自学，也可用于相关专业的培训。

本书配有教学课件及各项目零件建模的源文件，方便老师教学和读者自学。使用本书作为教材的教师可登录机械工业出版社教育服务网（http://www.cmpedu.com），注册后免费下载，咨询电话：010-88379375。

图书在版编目（CIP）数据

产品数字化设计/高舢，田国主编. —北京：机械工业出版社，2019.7
产品创新设计与数字化制造技术技能人才培训规划教材
ISBN 978-7-111-63253-5

Ⅰ.①产… Ⅱ.①高…②田… Ⅲ.①产品设计-数字化-教材
Ⅳ.①TB472-39

中国版本图书馆 CIP 数据核字（2019）第 145647 号

机械工业出版社（北京市百万庄大街 22 号　邮政编码 100037）
策划编辑：王　丹　责任编辑：王　丹
责任校对：梁　倩　封面设计：鞠　杨
责任印制：孙　炜
河北宝昌佳彩印刷有限公司印刷
2019 年 9 月第 1 版第 1 次印刷
184mm×260mm · 8.5 印张 · 206 千字
0001—1900 册
标准书号：ISBN 978-7-111-63253-5
定价：25.00 元

电话服务　　　　　　　　　　网络服务
客服电话：010-88361066　　机 工 官 网：www.cmpbook.com
　　　　　010-88379833　　机 工 官 博：weibo.com/cmp1952
　　　　　010-68326294　　金 书 网：www.golden-book.com
封底无防伪标均为盗版　机工教育服务网：www.cmpedu.com

产品创新设计与数字化制造技术技能人才培训规划教材
编写委员会

组　　长：蔡启明　陈晓明

副组长：陈　伟　房志凯

组　　员：杨伟群　宫　虎　牛小铁　滕宏春　顾春光

　　　　　宋燕琴　鲁储生　张玉荣　孙　波　谢　蟹

　　　　　郑　丹　王英杰　易长生　栾　宇　张　奕

　　　　　刘加勇　金巍巍　王维帅

序

产品创新设计与数字化制造技术技能人才培训，是在人力资源和社会保障部教育培训中心、机械工业教育发展中心和全国机械职业教育教学指导委员会的共同指导下开发的高端培训项目，是贯彻落实《国务院关于加快发展现代职业教育的决定》《现代职业教育体系建设规划（2014-2020年）》《高等职业教育创新发展行动计划（2015-2018年）》《机械工业"十三五"发展纲要》和《技工教育"十三五"规划》有关精神，加快培养《中国制造2025》和"大众创业、万众创新"所需的创新型技术技能人才的重要举措，也是应对中国制造向"服务型制造"转型升级所需人才培训的一种尝试。

"产品创新设计与数字化制造"高端培训项目综合运用多种专业软件，进行产品数字化设计，建立产品数字信息模型；根据加工要求，协同运用增材制造和减材制造，完成产品的零部件加工并进行精度检测；按照装配工艺，完成零部件的协同装配和调试，并进行产品的功能验证与客户体验。从技术角度看，"产品创新设计与数字化制造"高端培训项目从"设计、加工"到"装调、验证"，从"传统单一的加工制造"到"数字化设计制造"，应用了多项数字化专业技术，涵盖了产品开发的全过程。从培训角度看，"产品创新设计与数字化制造"高端培训项目立足产业前沿技术，对接岗位需求，将企业多个传统工作岗位有机结合起来，改变了培训模式，实现了师生"DIY协同创课"和"工学一体"的结合，开发出了一个贯穿产品全生命周期的人才培训培养模式。

"产品创新设计与数字化制造"高端培训项目主要面向机械制造类企业和未来3D技术、数字信息技术衍生的新兴产业；针对正在从事或准备从事产品三维数字化设计，三维数据采集与处理，快速成型（3D打印），多轴数控机床编程、仿真与操作，精密检测和产品装配调试等工作岗位的技术人员及本科院校、高等职业院校、中等职业学校、技工学校的在校师生，专门开展岗位职业能力培训；旨在培养具备数字化创新设计、逆向工程技术、3D打印技术、多轴加工技术、精密检测技术和产品装配调试技术等综合技术能力的"创新型、复合型"技术技能人才。

"产品创新设计与数字化制造"高端培训项目按照"开发培训资源—开展师资培训—建立培训基地—组织创新大赛—培养创新人才"的建设路径，逐步推进培训项目的建设工作，目前已开发完成了"产品创新设计与数字化制造"培训技术标准、培训基地建设标准、培训方案、培训大纲和规划教材，开设了"产品数字化设计与3D打印""产品数字化设计与多轴加工"和"产品数字化设计与装配调试"三个高端培训模块，编写了《产品数字化设计》《逆向工程技术》《3D打印技术》《多轴加工技术》《精密检测技术》和《产品装配调试技术》6本培训配套规划教材，开设了全国高级师资培训班并颁发了配套培训证书。

培训资源的开发，得到了人力资源和社会保障部教育培训中心、机械工业教育发展中心和全国机械职业教育教学指导委员会的全程指导，得到了天津安卡尔精密机械科技有限公司、南京宝岩自动化有限公司、北京数码大方科技股份有限公司、北京新吉泰软件有限公司、北京三维博特科技有限公司、海克斯康测量技术（青岛）有限公司、北京达尔康集成系统有限公司、北京习和科技有限公司和珠海天威飞马打印耗材有限公司等企业的大力支持，以及北京航空航天大学、天津大学、北京工业职业技术学院、北京电子科技职业学院、南京工业职业技术学院、北京市工贸技师学院、广州市机电技师学院、北京金隅科技学校、安丘市职业中等专业学校、承德高新技术学院和机械工业出版社等单位的积极配合。本项目规划教材是院校专家团队和行业企业专家团队共同合作的成果，在此对编者和相关人员一并表示衷心的感谢。相信本项目规划教材的出版，必将为我国产品创新设计与数字化制造技术技能人才的培养做出贡献。

本项目规划教材适用于机械制造类企业和未来 3D 技术、数字信息技术衍生的新兴产业开展相关岗位专业技术人员培训，适用于本科院校、高等职业院校、中等职业学校和技工学校在校师生开展相关岗位职业能力培训，也适用于开设有机电类专业的各类学校开展相关专业学历教育的教学，并可供其他相关专业师生及工程技术人员参考。

限于篇幅与编者水平，书中不妥之处在所难免，恳请广大读者提出宝贵修改意见。

编写委员会

前言

《中国制造 2025》提出，坚持"创新驱动、质量为先、绿色发展、结构优化、人才为本"的基本方针。工业设计在我国是一个新兴的行业，依托于制造业，处于产品制造流程的上游，工业设计的核心是产品数字化设计，是企业设计的关键环节，是将原材料变为更有价值的形态的过程。设计师基于对人的生理、心理、生活习惯等自然属性和社会属性的认知分析，进行产品功能、性能、形式、价格、使用环境的定位，结合材料、结构、工艺、表面处理、装饰、成本等因素，从社会的、经济的、技术的角度进行创意设计，在保证设计质量实现的前提下，使产品既是企业的产品、市场中的商品，又是老百姓的用品，达到顾客需求和企业效益的完美统一。产品数字化设计是已广泛使用并日渐成熟的设计手段，它与科学技术的发展是相辅相成的。

在本书的编写过程中，作者收集了大量行业、企业内部产品设计（研发）部门和工业设计公司设计师、设计总监及市场用户对产品设计的建议，以实际的工作任务为载体，采用"理实一体化"的教学理念编写。核心内容由"产品数字化设计基础项目""无人机电机座零件测绘""活塞连杆机构建模""铝制手电筒结构设计""塑料成型类产品结构设计""豆浆机整机结构设计"六个项目组成。使用 Pro/ENGINEER Wildfire 5.0 软件进行产品设计，项目设置由简单到复杂，逐步递进，把理论知识、实践操作与实际应用环境结合在一起，以工作过程为导向，结合产品设计的标准原则、产品结构工艺及相关工艺规范等要求，顺应工业设计专业发展的新方向、新动态。本书可作为高等职业院校、中等职业学校、技工学校相关专业的教学教材，可供产品设计人员自学，也可用于相关专业的培训。

本书由高舢（广州市机电技师学院）、田国（广州市机电技师学院）担任主编，梁土珍（广州市机电技师学院）、谢黛（广州市机电技师学院）担任副主编，谢振中（广州市机电技师学院）、凡伟（广州市机电技师学院）、易显钦（广东轻工职业技术学院）等人参与编写。本书的编写得到了人力资源和社会保障部教育培训中心、机械工业教育发展中心、全国机械职业教育教学指导委员会的全程指导，多名工业设计行业的设计师为本书提供了宝贵意见，广州市机电技师学院教师为本书提供了样件和数控加工技术支持，在此深表谢意。

限于作者的知识水平和经验，书中难免存在错误或疏漏之处，恳请广大读者提出宝贵意见和修改建议，以便完善。

编　者

目录

绪论

 内容结构

产品数字化设计概述 → 产品数字化设计与传统设计 → 产品数字化设计的核心要求

1.产品数字化设计的背景 2.产品数字化设计的特点 3.产品数字化设计的应用	产品数字化设计与传统设计的区别和优势	1.产品设计核心 2.产品数字化设计中的理性问题 3.产品数字化设计中的创新要求 4.产品数字化设计的优劣判断标准

一、产品数字化设计概述

1. 产品数字化设计的背景

经济全球化趋势的不断发展，带动了科技产业的兴起，现代制造业在经济全球化的带动下，也呈现出了新的发展态势，产品的数字化设计成为现代制造业的主流发展动力，使制造业以新的制造方式与加工工艺创造更大的生产价值。借助计算机对制造业产品进行数字化设计与加工，产品的产量增加，产品的质量也大大提高，创造出的价值也随之增多。基于计算机的数字化设计生产方式，激发了我国现代制造业积极进行生产模式和管理模式的转换，以便在未来可以为制造业的发展注入新的活力。

2. 产品数字设计的特点

产品数字化设计技术是在计算机辅助设计（CAD，Computer Aided Design）技术发展的背景下同步创新和发展的，从技术工具的角度来看，产品数字化设计有着显著的技术发展特点，具有专业化、可迭代升级和实用性。

就产品数字化设计的专业化特点来说，数字化技术和产品设计的结合是数字化技术专业化应用的一个重要方向。具体来说，数字化技术运用精密的数字处理技术和产品模块化设计，给产品设计带来了新的发展，数字功能样机的设计和操作在不断的升级和优化中更加适应产品设计的专业需求，为产品设计奠定了坚实的技术基础。

就产品数字化设计的迭代升级特点来说，数字化技术的创新日新月异，在应用到产品设计的过程中也展现出了显著的迭代升级特点，从二维 CAD 技术到三维 CAD 技术，再到实体造型技术，产品的数字化设计技术不断地创新和发展，给产品设计带来了更好的技术升级体验。

就产品数字化设计的实用性特点来说，产品的数字化设计技术、系统和集成技术不再局限于产品设计图样的数据管理和模拟，而是以新颖的造型技术实现数字化设计的智能化和虚拟化，形成拟真化的设计过程和产品实体。数字功能样机取代实物的产品试验样本，大大减少了产品设计中的试错成本，缩短了产品开发周期，使数字化设计和产品的实际生产联系得更加紧密，能够更直接有效地创新和指导产品的设计工作。

3. 产品数字化设计的应用

产品数字化设计是以 CAD 技术为核心，规划好此项技术的应用，体现产品设计数字化，完善机械产品设计的过程。

（1）二维 CAD 技术　产品数字化设计技术中最先使用的是二维 CAD 技术，二维 CAD 技术最先取代了传统的手绘操作技术，利用计算机技术及信息化软件实现了产品的数字化设计。目前，二维 CAD 技术已基本取代了手工设计，在二维 CAD 技术内能够设计出产品的直观参数，使得设计人员能够全面了解产品的参数。

（2）曲面造型技术　产品数字化设计中的曲面造型技术，采用了 CAD 技术和三维技术相融合的方法，改进了二维 CAD 制图设计方法。二维 CAD 设计图样反映了产品的尺寸大小、参数大小，但不能看到产品的整体效果，所以，在 CAD 技术和三维技术基础上设计出的曲面造型技术，主要是围绕产品的基本需求，设计产品的曲面造型结构。

曲面造型技术在机械产品制造中应用广泛，通过模型的表面结构进行 CAD 造型，采用辅助设计的方法适当调整机械产品的曲面造型结构，构成基础的三维视图。曲面造型技术为产品提供了 3D 模型，采用数字化技术模拟制品，设计师可以在曲面造型技术的作用下提前观察到产品的设计模型，了解产品的整体形象，而且计算机中的 CAD 软件全方位提供了产品的设计信息，方便设计和更改。

（3）实体造型技术　实体造型技术可设计出产品的实际形状，可以从不同的角度观察产品的实体造型。实体造型技术通过三维 CAD 技术设计产品的形状，而且此项技术只能反映产品的实体造型，不能反映产品零件的质量和性能，因此无法研究复杂产品的质量。实体造型技术在产品数字化设计技术中用于研究各个构成零件的属性信息，以便在产品设计图样中增添配件、零件的属性信息，从而进一步推进数字化设计技术在产品制造领域的发展。

（4）虚拟仿真技术　虚拟仿真技术根据产品的设计原型，给出虚拟仿真的模型结构。产品数字化设计应用虚拟仿真技术，例如，计算机 CAD 制图软件能够为机械产品提供三维的图像，是利用合适的表现形式构成产品数字模型，将产品模型在联动、静态的作用下写入计算机 CAD 软件内，设计出产品的样式，也可利用参数数据虚拟仿真出产品的样式，如尺寸效果、质量效果等。同时，利用虚拟仿真技术完成产品的性能测试，可减少后期产品投入运行后的误差成本。

二、产品数字化设计与传统设计

产品制造过程中提倡数字化设计应用，利用数字化设计技术改变产品制造的生产过程；同时做好数字化设计技术创新工作，以便为产品制造提供优质的技术支持，改变传统产品制造方式。产品数字化设计技术具有一定的应用价值，这一定位也在很大程度上提高了产品数字化设计的质量水平。

传统机械制造业产品的设计方法和制造工艺都较为保守，效率不高，质量也存在较大的问题，次品率较高。与传统的设计方法相比，产品数字化设计为机械制造提供了新型的产品设计模式和制造模式。

产品数字化设计综合了信息化和数字化两种设计模式，在产品设计和加工制造过程中能够不断进行产品优化分析；在制造完成后，信息化处理产品的相关数据，也起到了一定的资源整合作用。全面的信息化和数字化融合不仅提高了机械产品生产效率，也提升了产品质量，为企业创造了更加广阔的盈利空间和更高的市场竞争力。

三、产品数字化设计的核心要求

满足客户个性化需求的定制生产方式已在制造业中得到越来越广泛的应用。产品数字化设计是提高产品设计效率和设计质量的关键，是实现定制生产的前提。

数字化设计技术的发展，对机械产品制造行业产生了很大的影响，在机械产品制造中引入数字化设计技术，不仅能够提高产品制造水平，更会提升机械制造产业的价值，从而保障机械产品具备足够的生产力和竞争力；宏观上，可推进机械制造行业的现代化发展，满足我国机械类产品生产需求，体现数字化设计技术的应用价值。

产品数字化设计需满足以下核心要求：

1. 产品设计核心

产品设计是一门特殊学科，是艺术和技术的融合学科，将设计与工程进行了融合。

设计是通过视觉的形式对某种计划、规划及设想进行表达的活动过程；工程则是将自然科学原理应用到生产部门中的活动总称。产品数字化设计即需要构建设计和工程的和谐：

1）产品的结构（功能）与外观是相辅相成的。要做好一个产品，设计过程中应当构建结构和外观的和谐，必要时有所取舍，但不要因为结构而牺牲审美，也不要为了审美而损伤结构。

2）无法取舍时，外观服从于结构（形式服从于功能），外观造型基于结构进行设计，结构也应配合外观造型。

2. 产品数字化设计中的理性问题

1）工程技术在设计中的应用不应过于僵化，产品设计师要积累设计经验，注意培养审美和设计感。

2）学习工程重在培养理性的思维方式，培养工程的思维方式，培养逻辑推理能力和解决问题的能力。

3）设计不仅仅是表达感官设想，要有基本的理论功能及价值，这才是一个好设计。

3. 产品数字化设计中的创新要求

创新是提高产品数字化设计水平的重要方法。

首先，产品数字化设计应用过程中，可推行使用数字化仿真技术，利用数字化仿真技术提升产品制造的成熟度，并在数字化产品设计过程中组织样机试验，完善产品设计方案，确保数字化仿真模型和虚拟制造之间具有连接作用。

同时，产品数字化设计技术创新要重视并行与协同发展，也就是在产品数字化设计及制造过程中积极引入创新化、先进性的技术，如改善产品结构的设计方式、集成产品零件和整件的技术，从而体现产品数字设计一体化，保障产品的质量。

最后，产品数字化设计技术的应用及发展要注重吸纳人才，不断提高产品数字化设计的创新性。

4. 产品数字化设计的优劣判断标准

符合如下标准的产品，一般认为是优质产品：

1）出厂的产品工作应安全可靠，没有冗余功能。

2）产品结构和功能简洁，没有冗余零件和不易操作的部分。

3）产品噪声低，发热小，符合现代环保设计要求。

4）产品中非标准件数量不多，便于设计改良。

5）产品测量、安装、检测方便。

6）产品操作、养护和维修方便。

7）产品的寿命设计合理。

8）产品外观符合现代审美标准。

产品数字化设计基础项目

学习目标

通过本项目的学习，学生应达到以下基本要求：

1）知悉产品数字化设计相关准则。

2）能够对 Pro/ENGINEER 软件产品数字化设计方面功能有基本的认识。

3）能够运用 Pro/ENGINEER 软件进行基本操作，包括打开软件、进入建模界面、工具条和按钮的设置、快捷键的设置、Pro/ENGINEER 草图绘制、基本特征功能等。

考核要点

在能够概述产品设计准则的前提下，利用 Pro/ENGINEER 草图绘制工具操作完成草图绘制案例，可拓展练习特征拉伸、特征旋转、特征扫描和特征混合，并提交完成后的数据。

任务主线

Pro/ENGINEER产品数字化设计介绍	Pro/ENGINEER 软件	Pro/ENGINEER 产品数字化设计
1.产品设计师应具备的知识和技能要点 2.产品结构设计准则 3.金属材料概述及其成型工艺 4.机加工工艺规范	1.Pro/ENGINEER 软件简介 2.Pro/ENGINEER 软件工作界面 3.Pro/ENGINEER 软件建模	Pro/ENGINEER 草图绘制案例

项目描述

学习和练习产品数字化设计，首先要了解产品数字化设计相关准则。了解并掌握常用数字化设计软件 Pro/ENGINEER Wildfire 5.0 的基本操作，并完成基本草绘案例的操作。

任务一　了解产品数字化设计相关准则

任务描述

进行产品数字化设计，了解和熟悉产品设计相关准则是基本前提，本任务介绍产品设计及产品机械加工的相关准则，以供设计参考，便于随时翻阅。

相关知识

一、产品设计师应具备的知识和技能要点

1）一个合格的产品设计（工程）师必须掌握充分的机械、模具、材料、行业安全规定等相关知识，否则只能担任绘图工作。

2）产品设计（工程）师必须对常用的材料有一定的了解，如常用塑料材料 ABS、PC、PE 等材料的特性，常用金属材料的力学性能等，能够正确选用产品材料。

3）产品设计（工程）师除了要掌握三维软件的操作外，还要掌握产品结构工艺的设计和分析，从而使设计出来的产品成本最低，实用性好。

二、产品结构设计准则

（一）产品结构设计整体要求

1）产品设计应力求结构简单、易于成型。

2）设计应尽量使产品壁厚均匀，同时保证强度和刚度满足要求。

3）根据产品实用功能确定其材料，内、外结构以及尺寸参数。当产品外观要求较高时，应先进行外观设计，再进行内部结构设计。

4）产品设计应尽量采用回转体或其他对称结构，此类结构具有如下优点：工艺性好；可承受较大的应力；模具造型可保证温度平衡，产品不易变形。

5）应充分考虑熔融材料的流动性、收缩性及其他特性，在满足使用要求的前提下，产品所有转角尽可能设计成圆角或圆弧过渡。

6）合理设计开模方向和分型线，尽可能减小抽芯机构和分型线对外观的影响。

7）产品中加强筋、搭扣、凸起等结构的方向应尽可能与开模方向一致。

（二）产品结构设计细则

1．产品壁厚

（1）产品壁厚要求及参考因素

1）壁厚应均匀，且能够满足产品强度和刚度的设计要求。

2）若壁厚过大，产品内部易产生气泡、缩孔、凹陷等缺陷，同时会增加成本、延长成型时间。

3）若壁厚过小，成型时熔融材料流动阻力大，填充困难，产品力学性能差。

4）"薄壁"一般认为是壁厚小于 1mm 的结构。薄壁产品通常采用高压高速注塑，这种成型方法散热快，有时无需冷却。

5）产品结构交界处避免锐角设计，应平缓过渡，壁厚通常沿材料流动方向逐渐减小。

（2）常用塑料产品壁厚推荐值　塑料产品壁厚通常不宜小于 0.6mm，最常取值范围为 2~4mm。不同材料的流动性不同，具体壁厚根据不同的材料进行确定，常用塑料产品壁厚推荐值见表 1-1。

表 1-1　常用塑料产品壁厚推荐值　　　　　　　　　　（单位：mm）

工程塑料	最小壁厚	小型产品壁厚	中型产品壁厚	大型产品壁厚
尼龙（PA）	0.45	0.76	1.50	2.40~3.20
聚乙烯（PE）	0.60	1.25	1.60	2.40~3.20
聚苯乙烯（PS）	0.75	1.25	1.60	3.20~5.40
有机玻璃（PMMA）	0.80	1.50	2.20	4.00~6.50
聚丙烯（PP）	0.85	1.45	1.75	2.40~3.20

1 PROJECT

（续）

工程塑料	最小壁厚	小型产品壁厚	中型产品壁厚	大型产品壁厚
聚碳酸酯（PC）	0.95	1.80	2.30	3.00～4.50
聚甲醛（POM）	0.45	1.40	1.60	2.40～3.20
聚砜（PSU）	0.95	1.80	2.30	3.00～4.50
ABS	0.80	1.50	2.20	2.40～3.20
PC+ABS	0.75	1.50	2.20	2.40～3.20

（3）产品结构与壁厚设计示例　常见塑料产品结构与壁厚设计示例如图 1-1 所示。

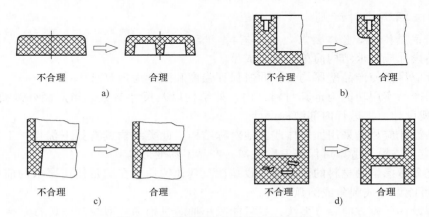

图 1-1　常见塑料产品结构与壁厚设计

2. 孔

（1）孔的类型　孔通常用于各部件之间的联接和产品功能的增强。产品结构设计中，常用孔包括圆孔、异型孔、螺纹孔等类型，各孔的形式有通孔、台阶孔和盲孔等。

（2）孔的设计　孔的形状和位置设计以避免削弱产品强度、避免使工艺复杂化为基本原则。通常应注意以下问题：

1）孔与制件边缘的距离要设计充分，必要时孔的边缘可用凸台结构加强。

2）薄壁侧面应谨慎进行侧孔设计，以避免尖角、缺料等缺陷。

3）通孔周围的壁厚应适当增加，以加强结构强度。

4）通常，盲孔的孔深不得超过孔径的两倍，若要加深盲孔，可设计台阶孔形式。

5）孔的拐角处尽量设计成圆角，避免因应力集中而开裂。

6）孔的边缘应设计足够的直身位，常见结构如图 1-2 所示。

3. 加强筋结构

（1）加强筋的作用及布置

1）加强筋可在不增加壁厚的前提下，增强产品结构的强度和刚度，避免翘曲变形等缺陷。

2）加强筋的合理布置可改善熔融材料流动性，减小产品内应力，避免气孔、凹陷等缺陷。

3）加强筋通常设计在产品的非接触侧，其延伸方向应和产品最大应力方向一致。

4）加强筋应尽量对称布置，以避免产品出现局部

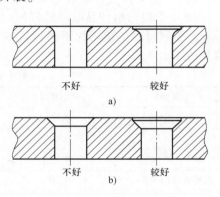

图 1-2　孔边缘直身位设计

PROJECT 1

应力集中的现象。

（2）加强筋的形态 加强筋常见的形状和尺寸如图 1-3 所示。

加强筋厚度一般为产品壁厚的 1/3 ～ 1/2；筋与筋之间的距离一般大于 4 倍壁厚；筋的高度尽量小于 3 倍壁厚；加强筋的拔模角度一般为 0.5°～2.0°。

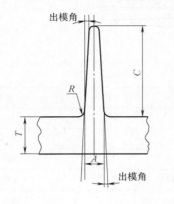

T— 壁厚

C— 加强筋高度，$3T$（最大）

A— 加强筋底厚度，$0.5T$～$0.7T$（最大）

R— $0.25T$～$0.60T$

图 1-3 加强筋形态示例

4. 圆角

产品结构设计中常采用圆角结构，圆角结构便于进行模具设计加工，同时可保障产品强度。这是因为锐角结构既不安全，也不利于成型。

转弯处圆角弧度应尽可能大些，以消除应力集中。原则上，塑料制件最小的圆弧转角为 0.5～0.8mm。但圆弧过大可能会造成收缩，尤其注意加强筋或凸柱根部转角圆弧的设计。

圆角设计一般可参考的标准如下：大圆弧半径 $R = 1.5T$，小圆弧半径 $r = 0.5T$，T 为壁厚。若 $R/T < 0.3$，易产生应力集中，若 $R/T > 0.8$，通常不会产生应力集中。

5. 拔模斜度

（1）拔模斜度设计要点

1）产品精度要求越高，其拔模斜度应设计得越小。

2）尺寸较大的产品，应采用较小的拔模斜度。

3）壁厚尺寸大、材料收缩率大的产品，应采用较大的拔模斜度。

4）形状结构复杂的产品，为便于拔模，应采用较大的拔模斜度。

5）拔模斜度的方向确定。通常，内孔以小端为基准，斜度向扩大方向取得；外形以大端为基准，斜度向缩小方向取得。如图 1-4 所示。

（2）拔模斜度的大小 拔模斜度的大小没有统一的规定，应根据产品的结构、尺寸进行确定。拔模斜度一般不受产品尺寸公差的限制，但高精度要求塑料产品的拔模斜度应控制在理论公差范围内。

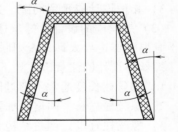

图 1-4 拔模斜度的方向

常用塑件种类及对应拔模斜度参见表 1-2。

6. 装配结构设计

（1）止口的设计 止口是产品开口处的止动结构，具有壳体定位（限位）、阻隔灰尘和静电的作用。止口结构通常分为公止口和母止口，公止口一般设计在壁厚较薄的壳体侧，母止口一般设计在壁厚较厚的壳体侧。

表 1-2　常用塑件种类及对应拔模斜度

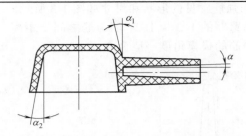

塑件种类	拔模斜度
热固性塑料压塑成型	1°～1°30′
热固性塑料注射成型	20′～1°
聚乙烯、聚丙烯、软聚氯乙烯	30′～1°
ABS、改性聚苯乙烯、尼龙、聚甲醛、氯化聚醚、聚苯醚	40′～1°30′
聚碳酸酯、聚砜、硬聚氯乙烯	50′～1°30′
透明聚苯乙烯、改性有机玻璃	1°～2°

止口设计的注意事项如下：

1）止口嵌合面应设计一定的拔模斜度，为便于装配，安装端部应设计倒角或圆角。

2）受力较大侧壁的止口宜设计在壳体内侧，以增强强度和刚度。

3）止口配合的过渡圆角半径应合理设计，保证间隙的同时避免装配干涉。

（2）搭扣的设计　搭扣又称"锁扣"，在塑件上通常可直接成型。搭扣类型分为永久型和可拆卸型；结构形式有单边扣、环形扣、球形扣等。

搭扣设计的注意事项如下：

1）搭扣设计数量均衡。扣位过多易出现损坏，扣位过少则难以控制装配位置和配合效果。

2）搭扣位置设计应考虑组装、拆卸便捷，转角处的扣位尽量靠近转角。

3）扣位设计应预留间隙，并注意避免缩水及熔接痕等缺陷。

（3）螺丝柱的设计　螺丝柱通过螺纹配合联接两处结构，其位置不宜太接近转角或侧壁，也不宜离壳体边界太远，否则联接效果不理想。

螺丝柱设计的注意事项如下：

1）螺丝柱长度通常不超过四倍公称直径，具体长度根据产品实际结构需要确定。

2）螺丝柱过长，须增设加强筋，以加强结构强度，避免变形缺陷。

3）螺丝柱宜设计倒角结构，以便于装配和螺钉安装。

4）为避免螺丝柱结构设置导致产品表面出现收缩缺陷，可以设置"火山口"结构，减小螺丝根部等效壁厚。

三、金属材料概述及其成型工艺

1. 金属材料概述

金属材料是指以金属元素或以金属元素为主构成的具有金属特性的材料的统称。金属材料包括纯金属，以及由两种或两种以上的金属（或金属与非金属）熔合（物理变化）而成的具有金属特性的金属合金等。

金属的性能一般分为工艺性能和使用性能两类。

工艺性能是指金属制品在加工制造过程中，金属材料在特定的冷、热加工条件下表现出来的性能。金属材料的工艺性能决定了它在制造过程中加工成型的适应能力。加工条件不同，对金属工艺性能的要求也不同，如工艺性能包括铸造性能、可焊性、可锻性、热处理性能、切削加工性等。

使用性能是指制品在使用条件下，金属材料表现出来的性能，包括力学性能、物理性能、化学性能等。金属材料使用性能的好坏，决定了制品的使用范围和使用寿命。

金属材料通常具有如下优良造型特性：

1）具有特有的金属光泽、良好的反射能力、不透明性。

2）大多数金属都属于塑性材料，都具有良好的延展性和承受塑性变形的能力。

3）可以在金属表面通过涂覆、电镀等工艺进行装饰，获得理想的质感。

4）金属可以通过切削、焊接、铸造、锻打、冲压等工艺成型，具有良好的成型工艺性。

5）金属材料具有良好的导电性和导热性。

2. 金属材料的成型工艺

大多数金属材料都具有良好的铸造成型工艺，可以将金属材料熔化，然后浇铸到模型中，冷却后得到所需要的制品；具有塑性特性的金属材料可以进行塑性加工（锻打、冲压等）；金属材料还可以通过切削加工获得所需要的形状、尺寸。

（1）铸造成型　是将熔融态的金属液体浇注到铸型中，冷却凝固后得到具有一定形状的铸件的工艺方法。

（2）塑性成型　金属塑性成型又称压力加工，是在外力作用下使金属材料发生塑性变形，获得具有一定形状、尺寸和力学性能的零件或毛坯的加工方法。塑性成型需要使用专用设备和专用工具，按加工方式不同，塑性加工可分为锻造、轧制、挤压、冲压、拔制加工；但该方法不适于加工脆性材料或形状复杂的产品。

（3）切削加工　切削加工是利用切削工具和工件做相对运动，从毛坯上切除多余的材料，以获得所需要的几何形状、尺寸精度和表面质量的一种成型方法。

四、机加工工艺规范

1. 机加工总则

1）机械加工人员必须经过专业培训，具有一定的机械基础知识和机床操作能力，且能够满足现行产品零件加工对机械加工的各项要求。

2）机械加工设备和工艺装备应能够满足现行产品加工的各项要求。

3）机械加工所使用的计量器具必须是经计量部门检验合格并在规定检定周期内的工具。

2. 加工前的准备

1）操作者接到加工任务后，首先要检查加工所需的产品图样、工艺规程和有关技术资料是否齐全。

2）机械加工人员必须事先熟读生产图样和工艺文件，了解零件加工的关键部位，并根据加工需要准备各种加工工具以及测量器具。

3）机械加工人员加工前应选用合格的毛坯或半成品，发现下列情况则不得加工：

① 被加工件存在明显缺陷。

② 被加工件与图样尺寸或形状不相符。

4）按工艺规程要求准备好加工所需的全部工艺装备，发现问题及时处理。对新型夹具、模具等，要提前熟悉其使用要求和操作方法。

3. 刀具与工件的装夹

（1）刀具的装夹

1

PROJECT

1）在装夹各种刀具前，一定要把刀柄、刀杆、导套等擦拭干净。

2）刀具安装后，应用对刀仪装置或通过试切等方法检查其正确性。

（2）工件的装夹

1）按工艺规程中规定的定位基准进行装夹，若工艺规程中未规定装夹方式，操作者可自行选择定位基准和装夹方法，选择定位基准应符合以下原则：

① 尽可能使定位基准与设计基准重合。

② 尽可能使各加工面采用同一定位基准，粗加工定位基准只能使用一次。

③ 精加工定位基准应是已加工的表面。

④ 定位基准的选择必须使工件定位、装夹方便，加工时稳定可靠。

2）对于无专用夹具的工件，装夹时应按以下原则进行找正：

① 对于划线工件，应按划线进行找正。

② 对于未划线工件，在本工序后尚需继续加工的表面，找正精度应保证下一道工序有足够的加工余量。

③ 对于在本工序加工到成品尺寸的表面，其找正精度应小于尺寸公差的三分之一。

④ 对于在本工序加工到成品尺寸，但未注尺寸公差和位置公差的表面，其找正精度应符合国家标准 GB/T 1804—2000《一般公差　未注公差的线性和角度尺寸的公差》对未注尺寸公差的要求。

3）装夹组合件时应注意检查接合面的定位情况。

4）夹紧工件时，夹紧力的作用点应为支撑点或在支撑面上。对刚性较差的（或加工时有悬空部分的）工件，应在适当的位置做辅助支撑，以增强其刚性。

5）夹持精加工面和软材质工件时，应垫以软件，如紫铜皮等。

6）用压板压紧工件时，压板支撑点应略高于被压工件表面，并且压紧螺栓应尽量靠近工件，以保证压紧力。

4. 加工要求

1）机械加工人员必须严格按照生产图样和工艺文件的有关要求对工件进行加工。

2）机械加工人员在生产过程中如发现生产图样和工艺文件有不妥之处，应及时向车间工段段长汇报，不得擅自更改图样和文件。

3）加工有公差要求的尺寸时，如无特殊要求应尽量按其中间公差进行加工。

4）工艺规程中未规定表面粗糙度要求的粗加工工序，表面粗糙度按同类产品粗加工要求选取。

5）为了保证加工质量和提高生产效率，应根据工件材料、精度要求和机床、刀具、夹具等综合情况，合理选择切削用量。加工铸件时，为了避免表面夹砂、硬化层等材料损坏刀具，在许可的条件下，切削深度应大于夹砂或硬化层深度。

6）图样和工艺规程中未规定的倒角、圆角尺寸，以及公差要求应符合国标规定。

7）在本工序后无去除毛刺工序时，本工序加工产生的毛刺应在本工序去除。

8）在大件工件的加工过程中应经常检查工件是否松动，以防松动影响加工质量或发生意外事故。

9）在切削过程中，若"机床-刀具-工件"系统发出不正常的声音或加工表面粗糙度突然增大，应立即退刀停车检查。

10）在批量生产中，必须进行首件检查，合格后方能继续加工。

11）在加工过程中，操作者必须对工件进行自检。

12）检查时应正确使用测量器具。使用量规、千分尺等量具时必须轻轻用力推入或旋入，不得用力过猛；测量工具事先应校好零位。

13）机械加工人员对加工过程中已出现的废品、次品应单独放置，严禁以次充好。

5. 加工后处理

1）工件的各工序加工应做到无屑、无水、无脏物，并在工位器具的规定区域内摆放工具，以免磕碰、划伤等。

2）暂时不进行下道工序加工，或精加工的表面应进行防锈处理。

3）通过磁力夹具吸位进行加工的工件，加工后应进行退磁操作。

4）凡由相关零件成组装配加工的，加工后需做标记（或编号）。

5）各工序加工完成后，工件经检验员检验合格后方能转往下道工序。

6. 其他要求

1）工艺装备用完后要擦拭干净（涂好防锈油），放到规定的位置或交还工具库。

2）产品图样、工艺规定和所使用的其他技术文件，要注意保持整洁，严禁涂改。

任务二　Pro/ENGINEER Wildfire 5.0 数字化设计基础项目实训

任务描述

通过本任务的学习，能够对 Pro/ENGINEER Wildfire5.0 进行建模特征操作，并能总结学习经验。

相关知识

一、Pro/ENGINEER Wildfire 5.0 产品数字化设计

（一）Pro/ENGINEER Wildfire 5.0 基本操作

Pro/ENGINEER Wildfire 5.0 构建于 Pro/ENGINEER Wildfire 的成熟技术之上，包括 400 多个增强功能。本任务简要介绍 Pro/ENGINEER Wildfire5.0 的功能特点及建模工作环境中的一些基本操作，为后面的学习做准备。

（二）Pro/ENGINEER Wildfire5.0 概况

1988 年，Pro/ENGINEER 问世，逐渐成为最为普及的 CAD/CAM 软件之一，目前最为成熟和应用广泛的版本为 Pro/ENGINEER Wildfire5.0（简称 Pro/E 5.0）。Pro/E 软件广泛应用于电子、机械、模具、工业设计、汽车、航空航天、家电、玩具等行业，是一个全方位的 3D（Three Dimensions）产品开发软件，集零件设计、产品装配、模具开发、NC 加工、钣金件设计、铸造件设计、造型设计、逆向工程、自动测量、机构模拟、压力分析、产品数据管理等功能于一体。

（三）Pro/ENGINEER Wildfire5.0 建模特征

1. 3D 实体模型

3D 实体模型可将设计概念以最真实的模型在计算机上呈现出来；随时计算产品的体积、面积、质心、重量、惯性矩等属性；可解决复杂产品之间的干涉，提高效率而降低成本，便于设计人员与管理人员之间的交流。

2. 单一数据库，全相关性

由 3D 实体模型可随时生成 2D 工程图，而且自动标注工程图尺寸；在 3D 模型或 2D 图形上做尺寸修正时，其相关的 2D 图形或 3D 模型均自动修改，同时装配、制造等相关设计也会自动修改；可确保资料的正确性，并避免反复修正的耗时性，使工程同步，确保工程数据的完整与设计修正的高效。

1

PROJECT

11

3. 以设计特征作为数据库存取单位

以常规的工作模式从事设计操作，如钻孔、挖槽、圆角等。充分体现设计概念，设计过程中导入实际的制造行为，以设计特征作为资料存取的单元，可随时对特征做合理、不违反几何顺序的调整、插入、删除、重新定义等修正操作。

4. 参数式设计

设计者只需更改尺寸参数，实体模型及图形立即依照尺寸做出变化，实现设计工作的一致性，可避免人为更改图纸可能出现的疏漏情形。

二、Pro/ENGINEER Wildfire5.0 工作界面

（一）Pro/ENGINEER Wildfire5.0 工作界面功能（图 1-5）

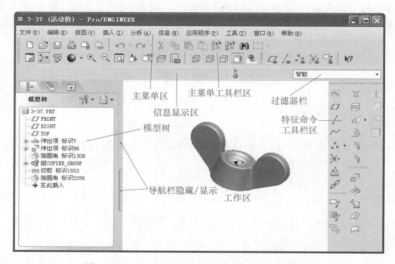

图 1-5　Pro/ENGINEER Wildfire5.0 工作界面

（二）智能选择

使用过滤器栏可以有目的地选择模型中的对象。利用该功能，可以在较复杂的模型中快速选择操作对象。单击过滤器栏右侧的下拉按钮，打开的下拉列表会显示当前模型可供选择的项目，如图 1-6 所示。

不同模块、不同工作阶段过滤器栏下拉列表中的内容有所不同。该功能使得模型中可选择的项目受到限制，即模型中只有在过滤器栏中列出的项目才能被选中。过滤器栏中系统默认的选项为"智能"，又称"智能选择"。

所谓"智能选择"，是指当光标移动到模型某个特征上时，系统会自动识别出该特征，并在光标附近出现该特征的名称，如图 1-7 所示。被捕捉特征的边界高亮显示为蓝色，此时，单击鼠标左键选中该特征，其边界高亮显示为红色。

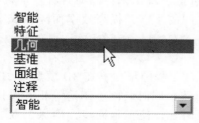

图 1-6　过滤器栏

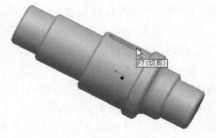

图 1-7　特征自动识别

（三） 选取对象

1） 选取对象是 Pro/E 软件的最基本操作，必须选取到设计项目（基准或几何）才可在模型上开展工作。用户可以在激活特征工具之前或之后选取项目。选取项目时，将光标置于图形窗口中要选择的项目附近，项目预选加亮后单击。如果特征复杂，或选择的对象不易捕捉，则可通过查询该项目或使用过滤器选择方式选取对象。

2） 如果需同时选取多个对象，应使用<Ctrl>键或<Shift>键。按下<Ctrl>键同时双击鼠标，可选取或移除项目，并激活"编辑"（Edit），以更改选定项目的尺寸值和属性。如图 1-8 左图所示，按下<Ctrl>键，依次单击要选择的特征，同时选中三个特征；如图 1-8 右图所示，按下<Shift>键，依次单击首尾两个特征，同时选中这两个特征之间的所有特征。

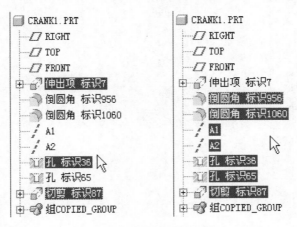

图 1-8　同时选取多个对象

（四） 定制窗口布局

使用"工具箱"快捷菜单可改变窗口中菜单条和工具栏的布局。在软件工作界面顶部或右侧工具栏的任何地方单击鼠标右键，会弹出如图 1-9 所示的"工具箱"快捷菜单。

使用"工具箱"快捷菜单，可以定制如下布局：

1） 有些按钮是用于特殊菜单或功能集的命令，要在工具栏显示这些按钮，在"工具箱"快捷菜单选取相关的选项即可。

2） 单击"工具箱"快捷菜单中的"命令"选项，打开如图 1-10 所示的"定制"对话框。使用"定制"对话框的"命令"选项卡可以添加或删除菜单项目和按钮。

（五） 使用多个 Pro/E 窗口

在 Pro/E 中如果打开多个窗口，那么一次只能激活其中一个（即使之处于工作状态）；不过，在非活动窗口中仍可以执行某些功能。要激活一个非活动窗口，只需单击菜单"窗口"→"激活"命令，或在键盘上按<Ctrl+A>键。

（六） Pro/E 窗口常用的快捷菜单

Pro/E 提供了含有所选取项目适用的常用命令的快捷菜单。选取项目后，单击鼠标右键即可打开相应的快捷菜单。在 Pro/E 窗口中常用的快捷菜单如下：

（1）"模型树"快捷菜单　在"模型树"中选择一个项目后，单击鼠标右键即可打开"模型树"快捷菜单，如图 1-11a 所示。

（2）"草绘器"快捷菜单　在"草绘器"窗口中单击鼠标右键即可打开"草绘器"快捷菜单，如图 1-11b 所示。

（3）"绘图"快捷菜单　在"绘图"模式下，在绘图窗口单击鼠标右键即可打开"绘图"

1

PROJECT

快捷菜单，如图 1-11c 所示。

图 1-9 "工具箱"快捷菜单

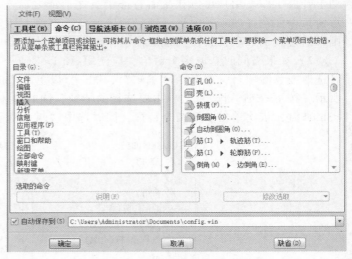

图 1-10 "定制"对话框

a)"模型树"快捷菜单

b)"草绘器"快捷菜单

c)"绘图"快捷菜单

d)"工具箱"快捷菜单

图 1-11 常用的快捷菜单

（4）"工具箱"快捷菜单 在顶部、左侧或右侧工具栏的任何地方单击鼠标右键即可打开"工具箱"快捷菜单，如图 1-11d 所示。

（七）Pro/E 窗口常用的快捷键（表 1-3）

表 1-3 Pro/E 窗口常用的快捷键

快捷键	功　能	快捷键	功　能
Ctrl+P	文件→打印	Ctrl+Y	编辑→重做
Ctrl+N	文件→新建	Ctrl+G	编辑→切换构造
Ctrl+O	文件→打开	Ctrl+K	编辑→超级链接
Ctrl+S	文件→保存	Ctrl+R	视图→重画
Ctrl+F	编辑→查找	Ctrl+D	视图→方向→标准方向
Ctrl+Z	编辑→撤销	Ctrl+A	窗口→激活

（八）常用工具栏（图 1-12、图 1-13）

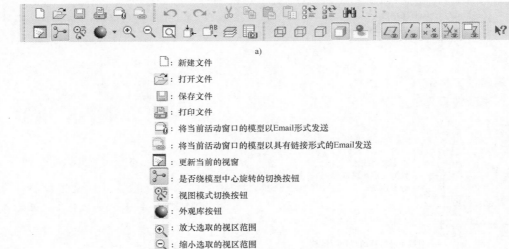

a)

📄 新建文件

📂 打开文件

💾 保存文件

🖨 打印文件

将当前活动窗口的模型以Email形式发送

将当前活动窗口的模型以具有链接形式的Email发送

更新当前的视窗

是否绕模型中心旋转的切换按钮

视图模式切换按钮

外观库按钮

放大选取的视区范围

缩小选取的视区范围

模型以适当比例自动缩放将图素全部显示在屏幕区

b)

图 1-12　主菜单工具栏及其功能

（九）三键鼠标的使用

在 Pro/E 5.0 中使用的鼠标必须是三键鼠标，否则许多操作无法进行。对三键鼠标在 Pro/E 5.0 中的常用操作说明如下：

（1）左键 用于选择菜单、工具按钮，明确绘制图素的起始点与终止点，确定文字注释位置，选择模型中的对象等。

（2）中键 单击中键表示结束或完成当前操作，一般情况下与菜单中的"完成"选项、对话框中的"确定"按钮、特征操控板中的"确认"按钮的功能相同。此外，鼠标的中键还用于控制模型的视角变换、缩放显示及移动模型在视区中的位置等，具体操作如下：

1）按住中键并移动鼠标，可以任意方向地旋转视区中的模型。

2）对于中键为滚轮的鼠标，转动滚轮可放大或缩小视区中的模型。

3）同时按住<Ctrl>键和中键，拖动鼠标可放大或缩小视区中的模型。

4）同时按住<Shift>键和中键，拖动鼠标可平移视区中的模型。

（3）右键 选中对象（如工作区和模型树中的对象、模型中的图素

图 1-13　特征命令
工具栏

1 PROJECT

等），单击右键，显示相应的快捷菜单。

任务实施

一、Pro/E 5.0 数字化设计基本操作

（一）草图绘制工具说明

1. 画线工具条（图 1-14）

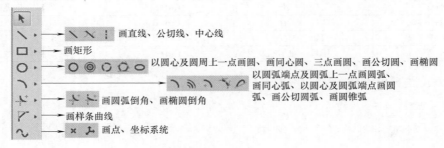

画直线、公切线、中心线

画矩形

以圆心及圆周上一点画圆、画同心圆、三点画圆、画公切圆、画椭圆

以圆弧端点及圆弧上一点画圆弧、画同心弧、以圆心及圆弧端点画圆弧、画公切圆弧、画圆锥弧

画圆弧倒角、画椭圆倒角

画样条曲线

画点、坐标系统

图 1-14　画线工具条

2. 编辑线工具条（图 1-15）

3. 约束条件工具条（图 1-16）

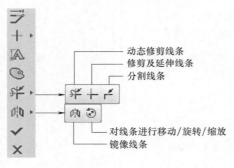

动态修剪线条

修剪及延伸线条

分割线条

对线条进行移动/旋转/缩放

镜像线条

图 1-15　编辑线工具条

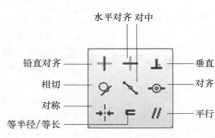

水平对齐　对中

铅直对齐

相切

对称

等半径/等长

垂直

对齐

平行

图 1-16　约束条件工具条

（二）草图绘制范例

绘制如图 1-17 所示草图。

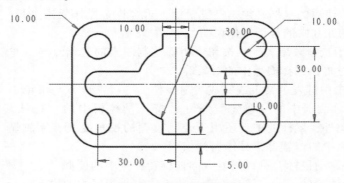

10.00　10.00　30.00　10.00

30.00

10.00

30.00　5.00

图 1-17　草图绘制范例

（1）创建草图文件　单击主菜单工具栏中新建文件图标，弹出"新建"对话框，"类型"选择"草绘"，输入文件名称"s2d0001"，如图 1-18 所示。单击"确定"按钮。

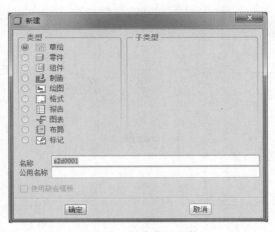

图 1-18 创建草图文件

（2）基本草图绘制 进入草图绘制窗口，步骤如下：

1）画两条中心线（图 1-19）。

2）单击矩形绘制图标 □，画矩形（图 1-20）。

3）单击圆弧倒角绘制图标，画矩形圆角（图 1-21）。

4）按要求设置圆弧半径相等的约束条件（图 1-22）。单击约束定义图标 和 ＝，使四个圆弧的半径相等。

5）按要求设置切点相对于中心线对称的约束条件（图 1-23）。单击约束定义图标 ，依次选择中心线 a 及切点 c、d，使两切点相对于中心线 a 对称；再选择中心线 b 及切点 d、e，使两切点相对于中心线 b 对称。

图 1-19 画中心线

图 1-20 画矩形

图 1-21 画圆角

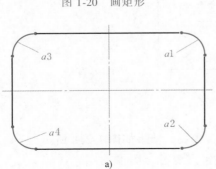

a)

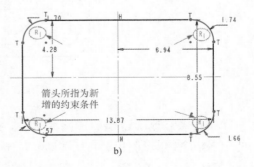

b)

图 1-22 设置圆弧半径相等约束

1 PROJECT

17

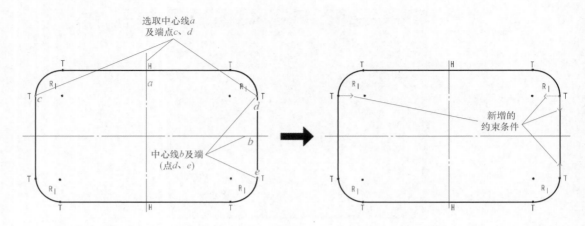

图 1-23　设置切点相对于中心线对称约束

6）单击圆形绘制图标 ⭕，分别以图形中心和四个圆角的圆心为圆心画圆（图 1-24）。

7）单击矩形绘制图标 ⬜，画水平、竖直方向相对于中心线对称的两个矩形（图 1-25）。

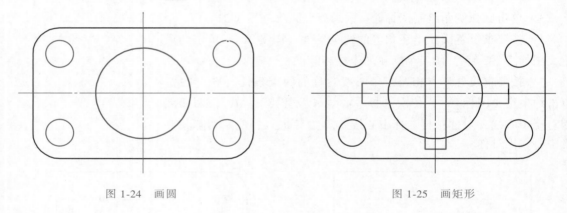

图 1-24　画圆　　　　　　　　　　　　　　　　　图 1-25　画矩形

8）删除水平矩形两侧边线段，单击圆弧绘制图标 ⌒，画相切圆弧（图 1-26）。

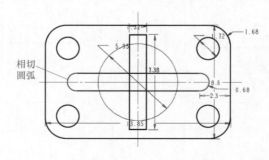

图 1-26　画相切圆弧

9）单击线条修剪图标 ✂，删除图 1-27a 中的多余线段，结果如图 1-27b 所示。

10）使圆形和矩形侧边圆弧同侧圆心位于同一条铅直线上（图 1-28）。

11）标注尺寸。单击尺寸标注图标 ↦，标注尺寸（图 1-29）。

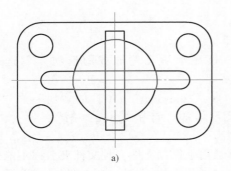 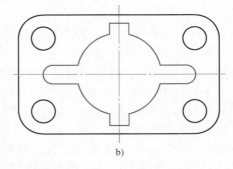

a)　　　　　　　　　　　　　　　　b)

图 1-27　删除多余线段

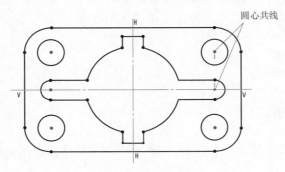

图 1-28　圆心共线

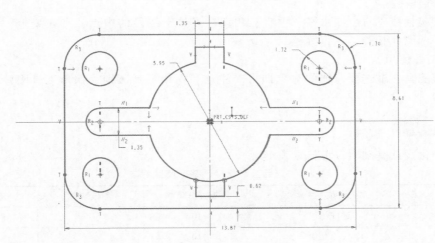

图 1-29　标注尺寸

12）修改尺寸数值。单击选择图标 ，框选所有尺寸，再单击尺寸修改图标 ，更改尺寸数值（图 1-30）。

二、草绘模块学习经验

1. Pro/E 工程图转 AutoCAD 工程图时尺寸单位变化问题

不同软件尺寸的单位精度和计算方式不同，当 Pro/E 工程图转为 CAD 工程图

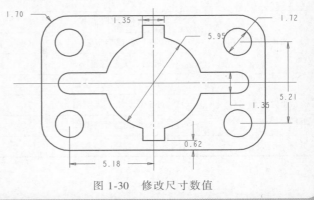

图 1-30　修改尺寸数值

1 PROJECT

时，尺寸往往发生变化，解决方法如下：

1）在 Pro/E 软件中建模时将单位设置为公制。

2）选择"工具"→"选项"命令，去掉"仅显示从文件加载的选项"勾选，找到"dxf_out_drawing_scale"，将其"值"设置其为"yes"。

3）在工程图中选择"高级"→"绘图设定"命令，"drawing_units"的"值"为"cm"。

4）另存为时类型选".dxf"（可以保存文本图层信息）或者".dwg"格式。

2. 工作目录设定

与其他软件不同，Pro/E 需要预先设置工作目录用于保存文件，且文件夹名称不能出现中文。工作目录分为临时工作目录和永久工作目录，临时目录的设定："文件"→"设置工作目录"命令，当关闭或重启 Pro/E 时，临时目录即失效，需要重新设定。永久目录的设定：右键单击 Pro/E 图标"属性"项"起始位置"即文件的永久目录，可以将设置好的目录路径直接拷贝至此。

3. 中心线的作用总结

1）用于表示圆中心线。

2）用于镜像、对称设置。

3）用于对称约束及标注。

4. 尺寸值修改

框选需要集体修改尺寸的对象，选择"修改尺寸"工具，在弹出窗口中进行修改，按回车即可。

5. 草绘约束

约束类型包括线垂直、线水平、垂直、相切、点处于线段的中点、点在线上、两点关于中心线对称、两图元相等、平行等等。

6. 修剪工具使用

点选修剪工具，框选要修剪的对象即可。注意和拐角工具区别，拐角工具刚好相反，点选对象被保留。

项目考核

产品数字化设计基础项目考核见表 1-4。

表 1-4 产品数字化设计基础项目考核

项目考核	考核内容	参考分值	考核结果	考核人
素质目标考核	遵守纪律	10		
	课堂互动	10		
	团队合作	10		
知识目标考核	产品结构设计准则	10		
	金属材料成型工艺	10		
	机加工工艺规范	10		
能力目标考核	Pro/E5.0 快捷菜单设置	10		
	Pro/E5.0 草绘工具使用	10		
	Pro/E5.0 草绘案例操作	20		
小计		100		

1

PROJECT

项目二 无人机电机座零件测绘

学习目标

通过本项目的学习，学生应达到以下基本要求：
1) 能够分析无人机电机座零件特征并选择合理的测量方法。
2) 能够使用游标卡尺测量无人机电机座尺寸。
3) 能够利用 Pro/E 软件正确对无人机电机座进行模型创建、视图表达，符合国家制图标准。
4) 掌握"镜像"命令的操作。

考核要点

在提供无人机电机座零件实物的情况下，利用游标卡尺、圆角规等工具完成零件测绘，并利用 Pro/E 软件建模。

任务主线

测量准备	零件测量	零件建模
1.零件特征分析 2.待测零件和测量工具的准备 3.选择合适的测量工具 4.确定测量方法	1. 手绘草图 2. 零件测量 3. 测量尺寸记录	1. 主体创建 2. 支架孔和调紧口创建 3. 锁紧孔创建 4. 壁厚创建 5. 出线孔创建 6. 圆角创建

项目描述

工作室接到无人机公司生产部门的零件测量任务，无人机电机座零件如图 2-1 所示，要求：

图 2-1 无人机电机座

1）零件测绘精度 0.015mm。

2）提交零件 Pro/E 三维模型数据。

任务一 无人机电机座测量准备

任务描述

对无人机电机座零件进行分析，准备并选择合适的测量工具，确定测量方法。

相关知识

顺利、完整地完成零件尺寸测量就需要前期充分的准备和规划，测量准备是零件建模的基础。本节主要介绍零件特征分析、测量工具的准备和选择、测量方法等内容。

任务实施

1. 零件特征分析

该无人机电机座主要由主体、支架孔、出线孔、调紧口、锁紧孔等结构组成，如图 2-2 所示。在分析产品零件特征时，应注意产品零件结构的对称性，重点特征的相对位置和形状等。

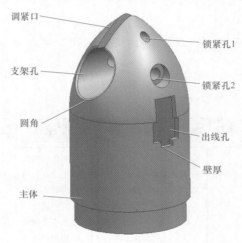

图 2-2 零件特征分析

2. 测量工具的准备和选择

（1）测量工具的准备 待测量零件和测量工具如图 2-3 所示。

图 2-3 零件和工具准备

（2）测量工具的选择

1）现有的测量工具中，有量程 300mm 游标卡尺（精度 0.01mm）、量程 150mm 游标卡尺（精度 0.01mm）、量程 150mm 游标卡尺（精度 0.02mm）和量程 150mm 直尺（精度 1mm），结合零件测绘精度 0.015mm 的要求，只有量程 300mm 游标卡尺（精度 0.01mm）和量程 150mm 游标卡尺（精度 0.01mm）能满足精度要求。

2）大致测量零件的最大长度。如图 2-4 所示，无人机电机座的最大长度为 61mm，所以量程 150mm 游标卡尺（精度 0.01mm）最适合本次测量任务。

3. 测量方法确定

测量时，右手握住尺身，大拇指移动游标；左手持待测零件，使待测零件位于游标卡尺两个外测量爪之间，零件与量爪紧紧相贴时，即可读数。

测量时，应先拧松紧固螺钉，移动游标不能用力过猛。两量爪与待测零件的接触不宜过紧，但也不能使被夹紧的零件在量爪内挪动。

图 2-4　测量零件

读数时，视线应与尺面垂直。如需固定读数，可用紧固螺钉将游标固定在尺身上，防止滑动。

零件宽度、外径、内径、深度的测量方法如图 2-5 所示。

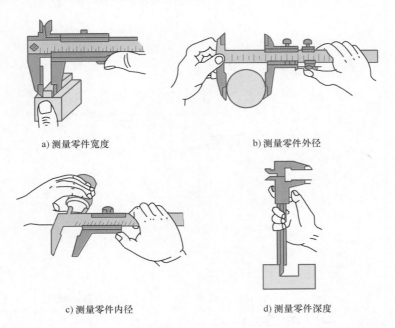

a) 测量零件宽度　　　　　　　　b) 测量零件外径

c) 测量零件内径　　　　　　　　d) 测量零件深度

图 2-5　零件尺寸测量方法

在测量零件前，一定要执行游标卡尺对零操作，如图 2-6 所示。游标卡尺结构如图 2-7 所示。

测量首先要准确规范，其次要有效率，测量要遵循产品零件特征，不能无中生有。测量零件时，测量外尺寸正确与错误的接触示例如图 2-8 所示；测量内尺寸正确与错误的接触示例

2

PROJECT

如图 2-9 所示。测量外径尺寸应轻轻将量爪推到测量面，接触并找到最小尺寸点，如图 2-10 所示；测量内径尺寸应轻轻将量爪拉到测量面，接触并找到最大尺寸点，如图 2-11 所示。测量外尺寸的接触位置最小尺寸点如图 2-12 所示（实线正确、虚线错误）；测量内尺寸的接触位置最大尺寸点如图 2-13 所示（实线正确、虚线错误）。

图 2-6　游标卡尺对零

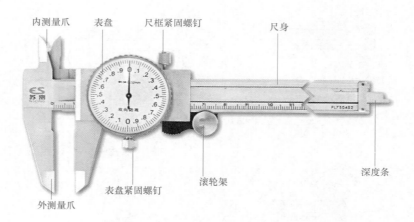

内测量爪　　表盘　　尺框紧固螺钉　　　　尺身

外测量爪　　表盘紧固螺钉　　滚轮架　　　　深度条

图 2-7　游标卡尺

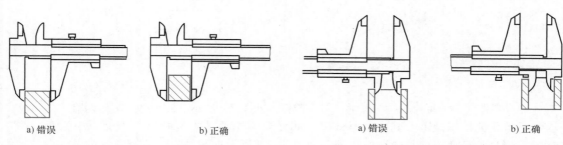

a) 错误　　　　b) 正确　　　　　　　a) 错误　　　　b) 正确

图 2-8　测量外尺寸的接触示例　　　图 2-9　测量内尺寸的接触示例

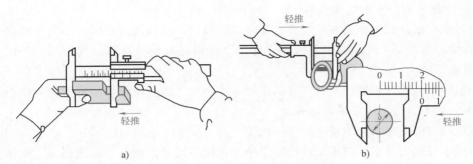

图 2-10　测量外径尺寸

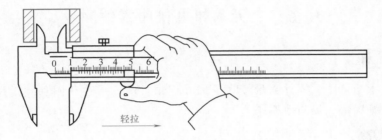

图 2-11　测量内径尺寸

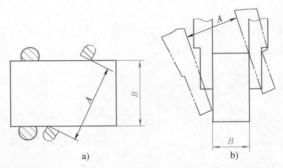

a) b)

图 2-12　测量外尺寸

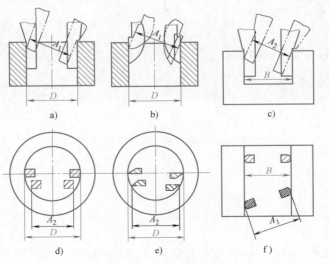

图 2-13　测量内尺寸

4. 游标卡尺使用注意事项和保养

1）游标卡尺是比较精密的测量工具，要轻拿轻放，不得碰撞或跌落。不要用来测量粗糙的物体，以免损坏量爪；避免与刃具放在一起，以免刃具划伤游标卡尺的表面，不用时应置于干燥处防止锈蚀。

2）测量时，应先拧松紧固螺钉，移动游标不能用力过猛。两量爪与待测物的接触不宜过紧，也不能使被夹紧的物体在量爪内挪动。

3）应定期校验游标卡尺的精准度和灵敏度。

4）游标卡尺使用完毕，应用棉纱擦拭干净。长期不用时应擦上黄油或机油，两量爪合拢并拧紧紧固螺钉，放入卡尺盒内盖好。

任务二　无人机电机座零件测量

🔄 任务描述

本任务要求手绘草图、零件测量、测量尺寸记录，做好手绘草图和测量尺寸记录目的是为 Pro/E 建模做好铺垫，提高效率。

🔄 任务实施

1. 手绘草图

手绘草图是为了更好地标注测量尺寸，以免因尺寸多而出现遗漏，导致后续建模出错。无人机电机座手绘草图如图 2-14 所示。

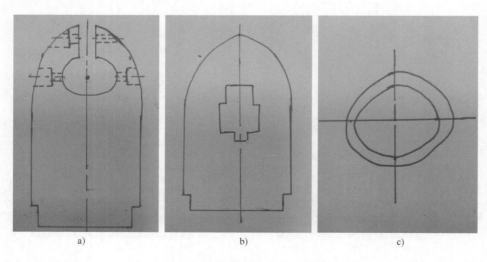

图 2-14　无人机电机座手绘草图

2. 零件测量和尺寸标注

如图 2-15 所示，用游标卡尺对无人机电机座进行测量，并将测量结果记录在手绘草图上，如图 2-16 所示。其中，深度尺寸 6.6mm 测量的正确与错误示例如图 2-17 所示。

3. 确定建模步骤

根据零件测绘结果，利用 Pro/E 软件对零件进行三维建模，建模步骤如图 2-18 所示。

  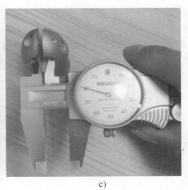

a)   b)   c)

图 2-15   零件测量

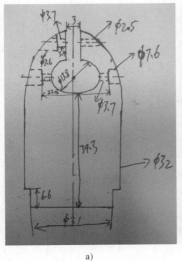 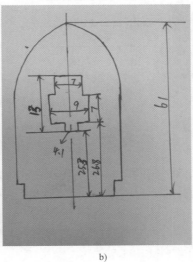 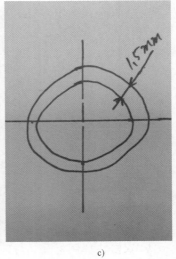

a)   b)   c)

图 2-16   标注草图

a) 测量错误   b) 测量正确

图 2-17   深度尺寸测量

2

PROJECT

图 2-18 建模步骤

任务三 无人机电机座模型创建

任务描述

根据任务一和任务二准备结果，使用 Pro/E 5.0 软件进行无人机电机座模型创建。

任务实施

1. 新建文件

1）双击快捷图标，打开软件 Pro/E5.0。

2）选择"文件"→"新建"命令，弹出"新建"对话框。"类型"项选择"零件"，"子类型"项选择"实体"，"名称"框输入"wurenjidianjizuo"，勾选"使用缺省模板"，如图 2-19所示，最后单击"确定"按钮新建文件。

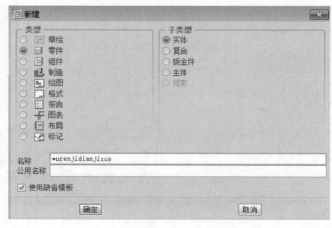

图 2-19 新建文件

2. 主体创建

1）单击"草绘"图标，弹出"草绘"对话框，"放置"选项卡"草绘平面"选择"FRONT"，如图 2-20 所示。最后单击"草绘"按钮。

2）利用草绘工具栏里面的曲线命令对无人机电机座主体进行二维草图绘制，图 2-21 所示为绘制完成的主体二维草图。

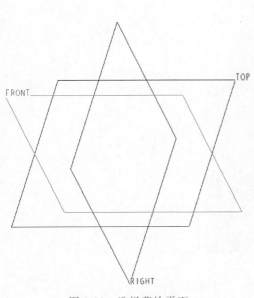

图 2-20　选择草绘平面

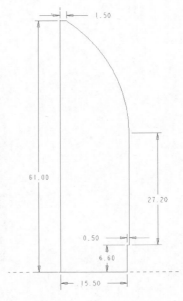

图 2-21　主体二维草图

3）选择工具条中的"插入"→"旋转"命令，"放置"选项卡中"草绘"选择步骤 2 创建的二维草图，"轴"选择尺寸为 61mm 的直线，旋转角度"360"，单击按钮 ✔ 即可完成主体创建，如图 2-22 所示。

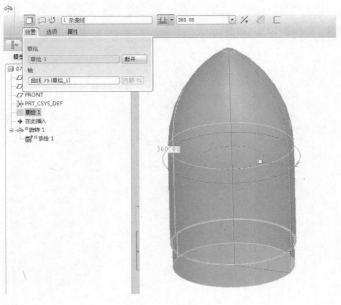

图 2-22　创建主体

2

PROJECT

3. 支架孔和调紧口创建

1）单击"草绘"图标 ，弹出"草绘"对话框，"放置"选项卡"草绘平面"选择"FRONT"，单击"草绘"按钮。

2）选择草绘工具栏里面的直线、圆命令，创建支架孔和调紧口的二维草图，如图2-23所示。

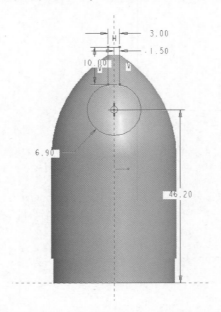

图 2-23　支架孔和调紧口二维草图

3）选择工具条中的"插入"→"拉伸"命令，"放置"选项卡"草绘"选择步骤2创建的二维草图，"选项"选项卡选择"对称"，距离为"60" mm，最后选择去除材料命令，如图2-24所示。单击按钮 ✔ 即可完成支架孔和调紧孔的创建，如图2-25所示。

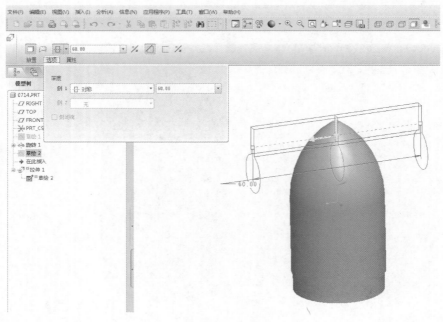

图 2-24　拉伸

4. 锁紧孔创建

1）选择工具条中的"插入"→"模型基准"→"平面"命令，弹出"基准平面"对话框，"放置"选项卡"参照"项选择调紧口端面，平移距离为"3.4"mm，如图 2-26 所示，单击"确定"按钮完成 DTM1 平面创建。

图 2-25　创建支架孔和调紧口

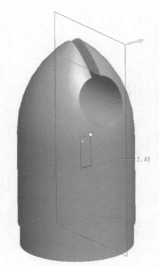

图 2-26　DTM1 平面创建

2）单击"草绘"图标 ，弹出"草绘"对话框，"放置"选项卡"草绘平面"选择"DTM1"平面，"参照"选择"FRONT"平面，单击"草绘"按钮。

3）选择草绘工具栏里面的圆命令，创建锁紧孔 1 的二维草图（φ7.6mm 的圆），如图2-27所示；选择工具条中的"插入"→"拉伸"命令，选择 φ7.6mm 圆二维草图为拉伸对象，选择去除材料命令，如图 2-28 所示。

4）采用步骤 2 和步骤 3 同样的方法创建 φ3.7mm、φ2.5mm 的孔，如图 2-29 所示，完成锁紧孔 1 的创建。

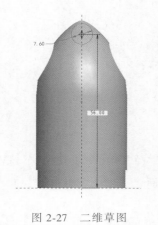

图 2-27　二维草图

图 2-28　拉伸

图 2-29　创建锁紧孔

5）锁紧孔 2 以步骤 1~4 同样的方法进行创建，完成其中一侧创建如图 2-30 所示。

2

PROJECT

6）在"模型树"中选中"拉伸5""拉伸6"节点，如图 2-31 所示，选择工具条中"编辑"→"镜像"命令，"镜像平面"选择"RIGHT"，单击按钮✔完成另外一侧锁紧孔 2 的创建，如图 2-32 所示。

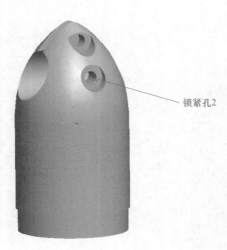

图 2-30　创建锁紧孔 2（单侧）

图 2-31　选择对象

图 2-32　完成镜像创建

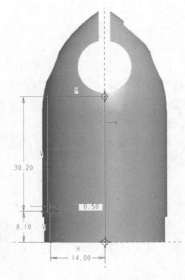

图 2-33　壁厚二维草图

5. 壁厚创建

此零件壁厚不是全等壁厚，只有圆柱部分需要设置，利用回"旋转"命令创建会快一些。

1）单击"草绘"图标，弹出"草绘"对话框，"草绘平面"选择"FRONT"，单击"草绘"按钮。

2）选择草绘工具栏里面的直线命令，创建如图 2-33 所示的二维草图。

3）选择工具条中的"插入"→"旋转"命令，"放置"选项卡"草绘"选择步骤2创建的二维草图，"轴"选择中心直线，旋转角度"360°"，选择"去除材料"命令，如图 2-34 所示。单击按钮 ✔ 即可完成壁厚创建。

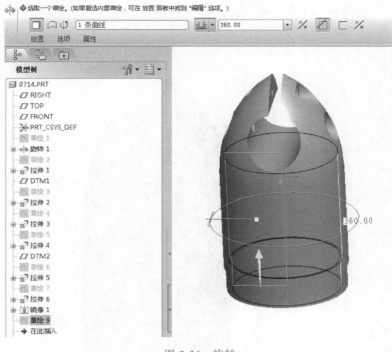

图 2-34 旋转

6. 出线孔创建

1）单击"草绘"图标 ⚒，弹出"草绘"对话框，"草绘平面"选择"RIGHT"平面，"参照"选择"FRONT"平面，单击"草绘"按钮。

2）创建完成出线孔二维草图如图 2-35 所示。

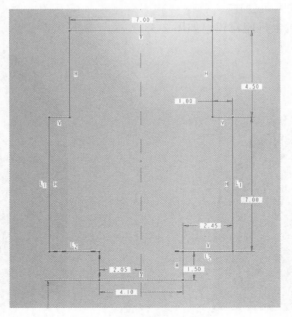

图 2-35 出线孔二维草图

3）选择"拉伸"命令，选择步骤 2 创建的出线孔二维草图为拉伸对象，选择"去除材料"命令，如图 2-36 所示。单击按钮 ✔ 完成出线孔的创建。

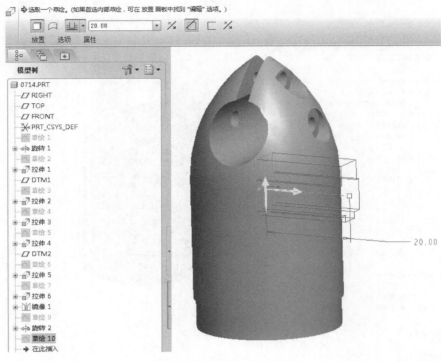

图 2-36　拉伸创建出线孔

7. 圆角创建

1）选择"倒圆角"命令，选择支架孔边界为倒圆角对象，半径为"0.5"mm，如图2-37所示。单击按钮 ✔ 完成圆角创建。

2）最终完成无人机电机座建模，如图 2-38 所示。

图 2-37　创建圆角

图 2-38　完成零件建模

最后选择"文件"→"保存副本"命令，选择目标存放位置，"模型名称"为"wurenjidi-anjizuo. prt"，单击"确定"按钮完成保存。

项目考核

无人机电机座零件测绘项目考核见表 2-1。

表 2-1　无人机电机座零件测绘项目考核

项目考核	考核内容	参考分值	考核结果	考核人
素质目标考核	遵守纪律	10		
	课堂互动	10		
	团队合作	10		
知识目标考核	游标卡尺量程选用	10		
	游标卡尺的使用	10		
	软件操作	10		
能力目标考核	主体创建	10		
	支架孔和调紧口创建	10		
	锁紧孔创建	10		
	出线孔创建	10		
小计		100		

2

PROJECT

活塞连杆机构建模

学习目标

通过本项目的学习，学生应达到以下基本要求：

1）能够运用 Pro/E 零件设计模块创建孔、圆角、倒角、抽壳、筋和拔模等特征。

2）能够运用 Pro/E 组件设计模块根据设计要求的约束条件或联接方式装配完整的产品或机构装置。

考核要点

根据产品零件测绘的结果或者三维扫描的数据创建活塞和连杆的零件模型，再创建活塞连杆机构的装配体。

任务主线

零件模型的创建	装配模型的创建
1. 创建活塞零件	1. 设置装配约束
2. 创建连杆零件	2. 活塞连杆装配

项目描述

设计负责人下发设计任务，要求分析原有活塞连杆机构模型数据，重新完成活塞和连杆零件的模型创建，并完成装配模型的创建。

要求：

1. 提交活塞和连杆零件的模型文件。

2. 提交活塞连杆装配机构的模型文件。

任务一　活塞零件建模

任务描述

活塞是在高温、高压、高腐蚀的条件下，在汽缸内做高速往复直线运动的零件，要适应这样恶劣的工作条件，必须具有相应的结构。

1）活塞顶部外表面设计成凹面，以利于燃烧室内的气体形成涡流，使燃料与空气混合得更均匀，燃烧得更充分。

2）在活塞的头部有三道环形槽，上边两道环形槽为气环槽，下边一条为油环槽。

3）活塞的裙部在活塞做直线往复运动时起导向作用，裙部顶端有两个向里凸起的销座。

4）活塞裙部的轴截面应制成鼓形，活塞裙部的横截面应制成椭圆形。由于椭圆的长轴与短轴之间相差极小，所以建模时以圆形代替。

使用 Pro/E 软件进行活塞零件建模时主要完成以下任务：

1）由于活塞的主要部分对称度较高，且采用圆形代替椭圆的活塞，所以主要思路是旋转体和镜像建模，创建活塞主体。

2）创建活塞头部的气环槽和油环槽。

3）创建连杆销座及连杆销孔。

4）创建活塞的卡环槽特征。

5）创建燃烧室。

6）创建各部分的倒圆角。

任务实施

1．创建活塞主体

1）选取 TOP 基准绘图平面，绘制二维草图，选择"拉伸"命令，完成活塞主体创建，如图 3-1 所示。

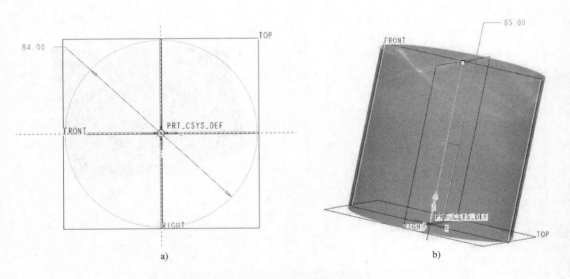

a)　　　　　　　　　　　　　　　　b)

图 3-1　创建活塞主体

2）通过"旋转"命令创建活塞主体内部结构。内部结构二维草图如图 3-2 所示；选择"旋转"命令，初步构建活塞主体内部结构，如图 3-3 所示。

3）通过"拉伸"命令创建活塞裙部结构。活塞裙部二维草图如图 3-4a 所示，选择"去除材料"命令，创建剪切特征；再选择"倒圆角"命令，创建圆角特征，完成结果如图 3-5 所示。

2．创建油环槽、气环槽

通过"旋转"命令和"去除材料"命令，创建油环槽、气环槽的旋转特征。环槽二维草图如图 3-6a 所示，完成结果如图 3-6b 所示。

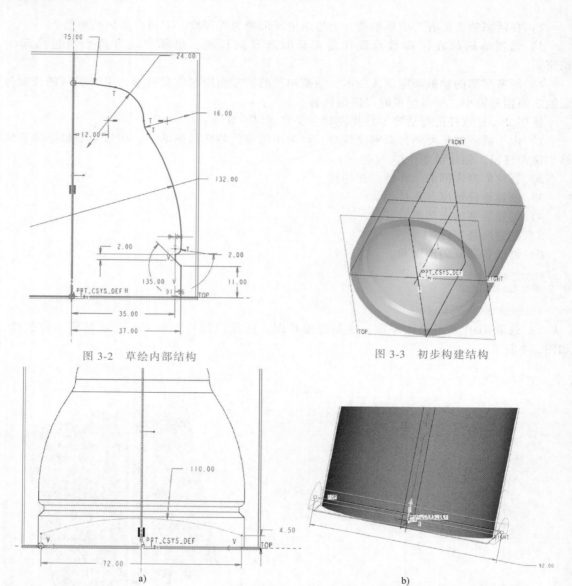

图 3-2　草绘内部结构

图 3-3　初步构建结构

图 3-4　草绘活塞裙部

a)

b)

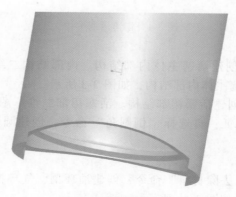

图 3-5　创建裙部特征

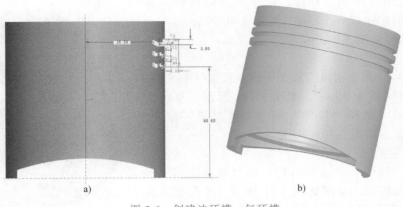

图 3-6　创建油环槽、气环槽

3. 创建连杆销座及连杆销孔

1）新建基准平面 DTM1。设置 DTM1 平面和 FRONT 平面间距为 22mm，如图 3-7 所示。

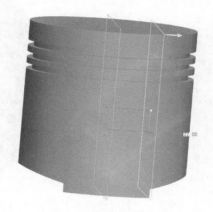

图 3-7　新建基准平面

2）选取 DTM1 为草绘平面绘制销座草图，选择"拉伸"命令，拉伸方式选择"至曲面"，生成连杆销座凸台，如图 3-8a 所示。

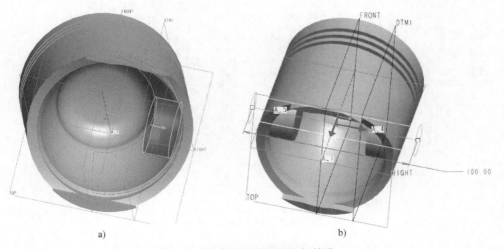

图 3-8　创建连杆销座及连杆销孔

3）再次选用"拉伸"命令，选择"去除材料"命令切除材料，创建连杆销孔特征，如图3-8b所示。

4）最终结果如图3-9所示。

4. 创建活塞的卡环槽特征

选择"拉伸"命令创建活塞卡环槽。新建基准平面，和FRONT平面间距为39mm，如图3-10a所示。草绘卡环槽二维草图后，选择"拉伸"→"去除材料"命令，生成卡环槽特征，如图3-10b所示。

5. 创建燃烧室

首先运用"拉伸"→"去除材料"命令创建顶部阶梯孔。顶部阶梯孔的二维草图如图3-11所示，小孔和大孔去除材料的拉伸高度分别为35mm和5mm，如图3-12所示。

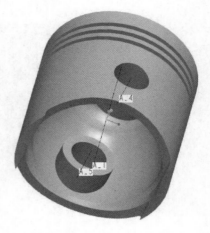

图3-9　连杆销座及连杆销孔特征

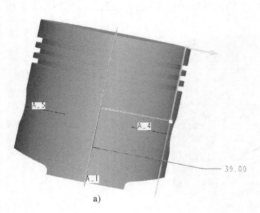

a)

b)

图3-10　创建活塞的卡环槽

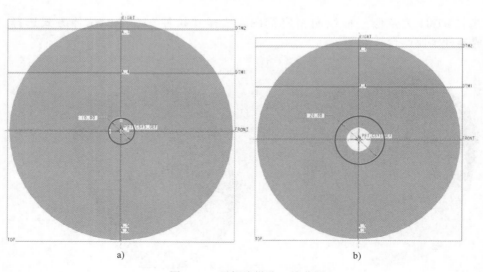

a)　　　　　　　　　　　　　　b)

图3-11　顶部阶梯孔二维草图

通过"阵列"工具在阶梯平面继续创建通孔，完成燃烧室的设计，如图3-13所示。

图 3-12 顶部钻孔拉伸

6. 创建各处倒角

对活塞模型中需要圆角、倒角处理的结构进行处理，最终活塞模型如图 3-14 所示。

图 3-13 燃烧室

图 3-14 创建圆角、倒角

任务二 连杆零件建模

任务描述

图 3-15 所示为连杆的实物图片。连杆零件模型可由实物简化，大头和小头均为带孔圆柱体，由具有筋板结构的杆身相连，筋板结构相对于连杆两个纵向剖切面对称。根据该零件的结构特点，建模时可以通过拉伸和切除特征来构造带孔圆柱体、筋板。

使用 Pro/E 软件进行连杆零件建模时主要完成以下任务：

1. 创建连杆小头结构。
2. 创建连杆大头结构。
3. 创建连杆杆身结构。

图 3-15 连杆实物

4. 创建杆身筋板。

5. 杆身倒角。

 任务实施

1. 创建连杆小头结构

连杆小头是一段带孔圆柱体，可通过"拉伸"和"去除材料"命令来绘制。

1）选择"拉伸"命令，进入草绘界面，选取 TOP 基准绘图平面，绘制二维草图连杆的小头结构草图修改尺寸后如图 3-16 所示，退出草绘界面，草绘完成。

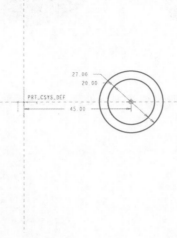

图 3-16　连杆小头结构草图

2）执行"拉伸"命令，调整拉伸类型为"对称拉伸"，调整拉伸尺寸，如图 3-17 所示。

3）确定尺寸后，单击鼠标中键或完成命令图标，完成连杆小头结构创建，如图 3-18 所示。

图 3-17　连杆小头结构拉伸

图 3-18　连杆小头结构

2. 创建连杆大头结构

连杆大头结构与小头结构特征相似，可以用相同的方法来创建，步骤不再赘述。连杆大头结构草图如图 3-19 所示，拉伸尺寸如图 3-20 所示，创建完成的连杆大头结构和小头结构如图 3-21 所示。

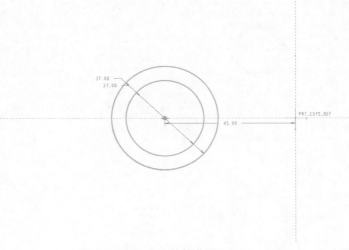

图 3-19 连杆大头结构草图

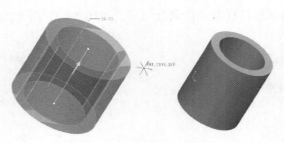

图 3-20 连杆大头结构拉伸

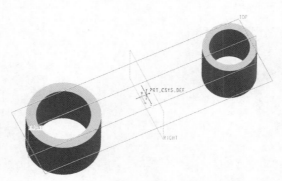

图 3-21 连杆大头结构和小头结构

3. 创建连杆杆身结构

连杆杆身截面是变化的工字钢，相对于 FRONT 平面和 TOP 平面是对称的，因此画图时要考虑对称性。

1）选择"拉伸"命令，进入草绘界面，选取 TOP 基准绘图平面，绘制二维草图。单击"使用"图标 □ 抓取连杆大头结构和小头结构的外边界，如图 3-22 所示。

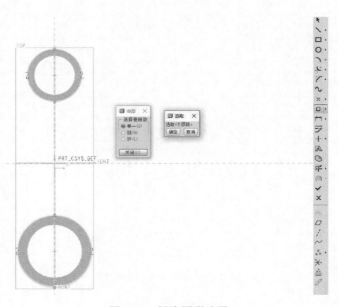

图 3-22　抓取图形边界

2）在草绘界面中绘制连杆杆身截面剩余图形，如图 3-23、图 3-24 所示。

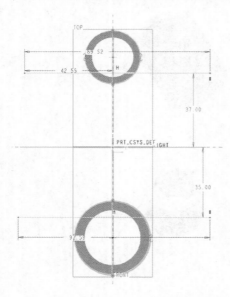

图 3-23　杆身截面剩余图形草绘步骤（一）

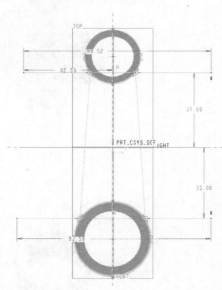

图 3-24　杆身截面剩余图形草绘步骤（二）

3）单击线条修剪图标，修剪多余线条，最终得到连杆杆身截面草图如图 3-25 所示。

4）退出草绘界面后，调整拉伸类型为"对称拉伸"（实体拉伸），确定拉伸尺寸 20mm，如图 3-26 所示。完成杆身创建的连杆如图 3-27 所示。

4. 创建杆身筋板

1）选择"拉伸"命令，进入草绘界面，选取与 TOP 基准绘图平面平行的杆身上表面为绘图平面。单击"使用"图标 ▢ 抓取连杆大头结构和小头结构的边界，将连杆杆身缩小，尺寸如图 3-28 所示。

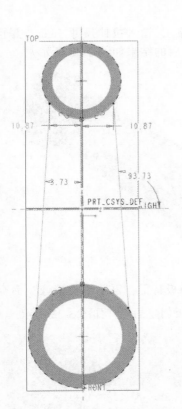

图 3-25　连杆杆身截面完整图形

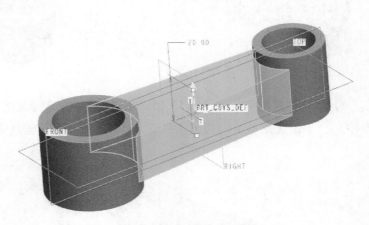

图 3-26　杆身拉伸操作

图 3-27　杆身创建完成

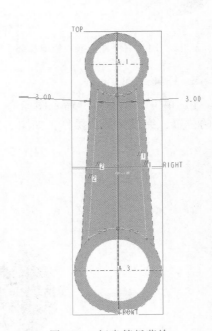

图 3-28　杆身筋板草绘

3

PROJECT

2）退出草绘界面后，调整拉伸类型为"以指定深度值拉伸"，输入拉伸尺寸 5mm，并且选择反向命令及"去除材料"命令，如图 3-29 所示。完成拉伸后的结果如图 3-30 所示。

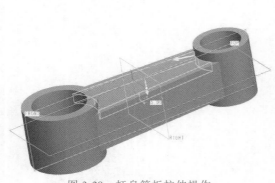

图 3-29　杆身筋板拉伸操作

图 3-30　杆身筋板拉伸完成

3）在模型树中单击"拉伸 4"节点，选中上述步骤绘制的筋板特征，再单击"镜像"命令图标，单击选择 TOP 面为镜像平面，如图 3-31 所示。完成筋板创建的连杆如图 3-32 所示。

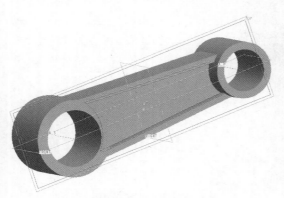

图 3-31　杆身筋板镜像操作

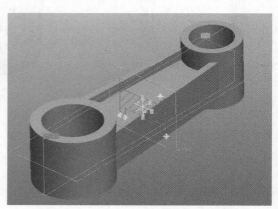

图 3-32　杆身筋板镜像完成

5. 杆身倒角

1）单击"倒圆角"命令图标，设置圆角半径为 5mm，依次选择连杆筋板大头端需倒角的位置，完成倒圆角操作，如图 3-33 所示。

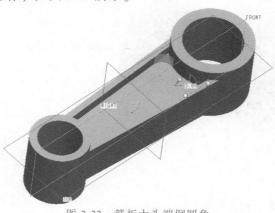

图 3-33　筋板大头端倒圆角

2）再次单击"倒圆角"命令图标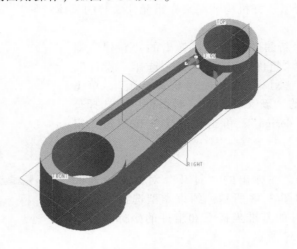，设置圆角半径为 3mm，依次选择连杆筋板小头端需倒角的位置，完成倒圆角操作，如图 3-34 所示。

图 3-34　筋板小头端倒圆角

3）单击"边倒角"命令图标，设置倒角规格为 1mm×1mm，对杆身其余位置进行倒角，如图 3-35 所示。

完成所有创建步骤后的最终连杆零件模型如图 3-36 所示。

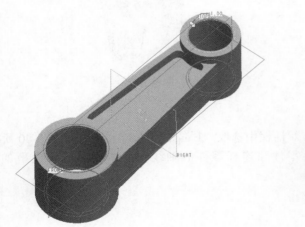

图 3-35　连杆边倒角操作

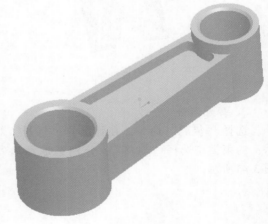

图 3-36　连杆零件模型

任务三　活塞连杆零件的装配

任务描述

完成活塞、连杆零件设计后，配合其他零件按设计要求的约束条件或联接方式装配成一个完整的产品或机构装置。

利用 Pro/E 提供的"组件"模块可实现零件的组装。在 Pro/E 软件中，模型装配的过程就是按照一定的约束条件或联接方式，将各零件组装成一个满足设计功能的完整产品的过程。

3

PROJECT

任务实施

以图 3-37 所示的活塞连杆机构装配来介绍元件组装的具体过程。

1. 建立装配文件

在工具栏中选择"新建"命令，在弹出的"新建"对话框中，"类型"选择"组件"，"子类型"选择"设计"，输入名称为"huosai"，去掉勾选"使用缺省模版"，单击"确定"按钮；在弹出的"新文件选项"对话框中，选择公制模版"mmns_ asm_ design"，单击"确定"按钮进入组件设计界面。

2. 装配活塞

选择"装配"命令，在弹出的"打开"对话框中选取"huosai. part"文件，如图 3-38 所示；约束类型选择"坐标系"，分别选取活塞零件的基准坐标系和组件的坐标系，添加约束后的模型如图 3-39 所示。

图 3-37　活塞连杆机构装配效果图

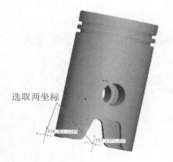

图 3-38　打开的零件

图 3-39　添加坐标系约束后模型

3. 装配连杆

选择"装配"命令，在弹出的"打开"对话框中选取"liangan. part"文件，如图 3-40 所示；约束类型选择"对齐"，分别选取活塞零件和连杆零件的轴线，添加约束后的模型如图 3-41所示。

图 3-40　添加零件

图 3-41　添加对齐约束后模型

选择"新建约束"命令，将其约束类型设置为"对齐"，分别选取活塞零件和连杆零件的基准平面作为参照，如图 3-42 所示。完成装配后的模型如图 3-43 所示。

图 3-42　选取两平面作为参照

图 3-43　添加对齐约束后模型

4. 装配活塞销

选择"装配"命令，在弹出的"打开"对话框中选取"huosaixiao. part"文件，如图 3-44 所示；约束类型选择"插入"，分别选取活塞零件和活塞销零件的配合曲面，添加约束后的模型如图 3-45 所示。

图 3-44　选取两曲面作为参照

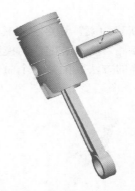

图 3-45　添加插入约束后模型

选择"新建约束"命令，将其约束类型设置为"对齐"，分别选取活塞零件和活塞销零件的基准平面作为参照，如图 3-46 所示。完成装配后的模型如图 3-47 所示。

图 3-46　选取两平面作为参照

图 3-47　添加对齐约束后模型

3

PROJECT

5. 装配第一个曲轴

选择"装配"命令,在弹出的"打开"对话框中选取"quzhou. part"文件,如图3-48所示;约束类型选择"对齐",分别选取连杆零件和曲轴零件配合部分的轴线,添加约束后的模型如图3-49所示。

选取两轴线

图 3-48　选取两轴线作为参照

选取两平面

图 3-49　添加对齐约束后模型

选择"新建约束"命令,将其约束类型设置为"匹配",分别选取连杆零件和曲轴零件的平面作为参照。完成装配后的模型如图3-50所示。

采用同样的方法装配第二个曲轴,完成装配后的模型如图3-51所示。

图 3-50　添加匹配约束后模型

图 3-51　添加第二个曲轴

6. 装配曲轴销

选择"装配"命令,在弹出的"打开"对话框中选取"quzhouxiao. part"文件,如图3-52所示;约束类型选择"插入",分别选取曲轴销零件和曲轴零件的配合曲面,添加约束后的模型如图3-53所示。

选择"新建约束"命令,将其约束类型设置为"对齐",分别选取曲轴销零件和曲轴零件的平面作为参照。完成装配后的模型如图3-54所示。

图 3-52　添加零件

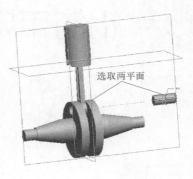

选取两平面

图 3-53　添加插入约束后模型

图 3-54　完成装配后模型

项目考核

活塞连杆机构建模项目考核见表 3-1。

表 3-1　活塞连杆机构建模项目考核

项目考核	考核内容	参考分值	考核结果	考核人
素质目标考核	遵守纪律	10		
	课堂互动	10		
	团队合作	10		
知识目标考核	装配机构设计思路	10		
	约束类型选择	10		
	产品装配思路	10		
能力目标考核	活塞零件建模	10		
	连杆零件建模	10		
	活塞连杆装配	10		
	曲轴装配	10		
小计		100		

项目四 铝制手电筒结构设计

骨架模型创建	零件创建	产品装配及检查
1. 金属材料性能及成型工艺了解 2. 产品形态分析及骨架模型创建	1. 零件拆分 2. 参照三维模型(数据)完成零件结构设计	1. 完成产品的装配 2. 完成产品合理性检查及修改

项目描述

现有一款铝制手电筒产品，要求学生根据产品三维模型（数据），操作 Pro/E 软件完成手电筒产品的结构设计。完整的铝制手电筒模型及各零件模型如图 4-1~图 4-9 所示，各模型文件格式为 stl，可提供产品尺寸数据。

图 4-1　铝制手电筒模型

本项目分为三个子任务，分别是手电筒骨架模型绘制、参照骨架模型创建零件、参照实物模型装配产品三个子任务。

任务一手电筒骨架模型绘制，主要学习如何根据产品三维模型（数据）进行产品结构设计，学习产品结构"自顶向下"的设计方法，及骨架模型绘制的方法和技巧。

任务二参照骨架模型创建零件，学习如何根据骨架模型拆分各个零件，并完成各个零件的结构设计。

任务三参照实物模型装配产品，学习如何参照产品三维模型（数据）完成产品的装配，并检查干涉，完成整体产品设计。

图 4-2　手电筒灯头模型

图 4-3　手电筒螺纹头模型

图 4-4　灯尾模型

图 4-5　玻璃灯罩模型

图 4-6　环圈模型

图 4-7　前灯模型

图 4-8　手电筒主体模型

图 4-9　圆环模型

任务一　手电筒骨架模型绘制

任务描述

根据产品 .stl 格式三维模型（数据）（图 4-1），使用 Pro/E 软件完成手电筒的骨架模型绘制。

相关知识

1. 金属材料属性及成型工艺

金属材料属性及成型工艺决定了结构设计师设计圆角、壁厚、拔模斜度、表面工艺等工程特征时需考虑的因素。

铝元素含量丰富，铝是银白色轻金属，通常以合金形式应用。铝合金具有良好的力学性能，具有质量轻、延展性好、坚韧、不易变形等特征。铝合金的加工工艺主要包括挤压成型、冲压成型等，设计、生产铝合金产品，同时需要具备模具相关基础知识。

2. 分析产品形态特征，确定建模思路

1）该产品材料为铝，制造工艺为压铸，压铸设计主要考虑圆角、脱模斜度、粗糙度等特征要求。采用铸造圆角可使金属液填充顺畅，使腔内气体顺利排出，并可减少应力集中，延长模具使用寿命。铸件也不易在圆角处出现裂纹，或因填充不畅而出现各种缺陷。因此，多采用圆角结构。

2）采用"自顶向下"的设计思路，参照实物模型绘制完成整个产品外观模型，作为骨架特征。

任务实施

1. 创建骨架文件

单击工具栏创建图标🗋，弹出"新建"对话框，设置如图4-10所示，输入零件名称"0_A2_3DM_DEF"。

2. 创建手电筒外观模型

点选基准平面RIGHT为草绘平面，单击草绘工具图标📉，弹出"草绘"对话框，系统自动选取基准平面TOP为定向参照平面；将"方向"设为"顶"，这样在进行草图绘制时，参照平面的正方向朝上，零件呈现右侧视图；按"草绘"对话框的"草绘"按钮，系统即进入草绘模式。如图4-11所示绘制草图，单击✔按钮完成绘制。

图4-10 新建骨架文件

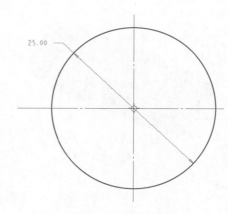

图4-11 绘制草图

单击拉伸工具图标🗗，拉伸方式点选对称拉伸⬕，设置拉伸深度为58mm，完成实体拉伸如图4-12所示。

图 4-12 拉伸实体

3. 绘制特征

单击旋转工具图标 ⊕，"放置"选项卡中选择 FRONT 平面为草绘平面，TOP 平面为参照平面，参照平面的"方向"为"顶"，按"草绘"对话框的"草绘"按钮，系统即进入草绘模式。如图 4-13 所示绘制草图，单击 ✔ 按钮完成绘制。

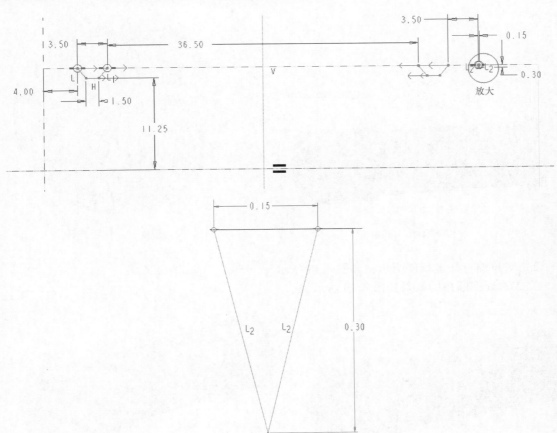

图 4-13 绘制草图

4. 创建拉伸特征及倒角

1) 在模型左侧创建直径为 26.5mm，拉伸高度为 4.5mm 的圆柱体拉伸，如图 4-14 所示。

2) 在模型右侧创建直径为 28.5mm，拉伸高度为 28mm 的圆柱体拉伸，如图 4-15 所示。

4
PROJECT

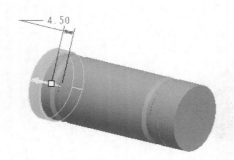

图 4-14　左侧圆柱体拉伸

图 4-15　右侧圆柱体拉伸

3）分别对左、右两侧拉伸圆柱体进行倒角，倒角数值图 4-16 所示。

5. 创建拉伸特征及倒圆角

1）在模型右侧拉伸切割实体，草图绘制如图 4-17 所示，拉伸高度为 15mm。

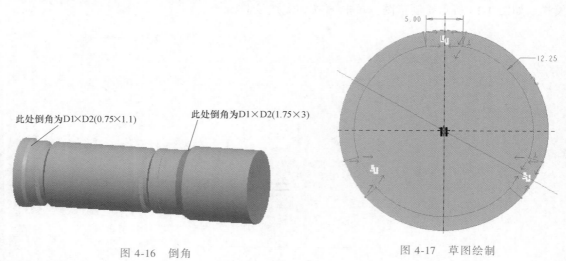

图 4-16　倒角

图 4-17　草图绘制

2）对拉伸特征进行倒圆角，如图 4-18 所示。

完成六处倒圆角的效果如图 4-19 所示。

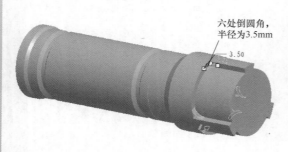

图 4-18　倒圆角

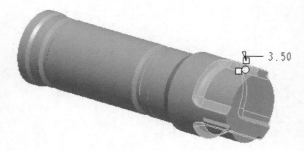

图 4-19　倒圆角效果图

6. 创建按钮特征

1）拉伸切割右侧实体，拉伸圆柱直径为 19mm，高度为 4.5mm，切割效果如图 4-20 所示。

2）使用旋转工具创建按钮形状特征，草图如图 4-21 所示。

图 4-20 切割效果图

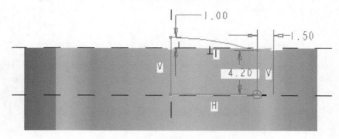

图 4-21 按钮形状特征草图

3）锐角边倒圆角，半径为 0.5mm。

7. 创建灯尾特征

1）使用旋转工具和去除材料命令，创建灯尾特征，草图如图 4-22 所示。

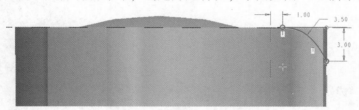

图 4-22 草绘图

2）使用拉伸工具和去除材料命令，创建右侧圆孔特征，草图如图 4-23 所示，选择拉伸至选定特征图标 ，并选择按钮特征（图 4-20）的内侧为选定的曲面。

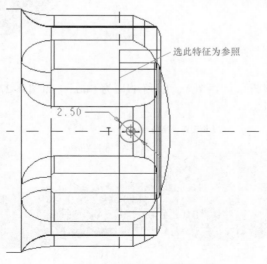

图 4-23 右侧圆孔特征草绘图

4

PROJECT

8. 创建左侧特征

1）使用实体旋转工具，创建左侧螺纹头旋转特征，草图如图 4-24 所示。

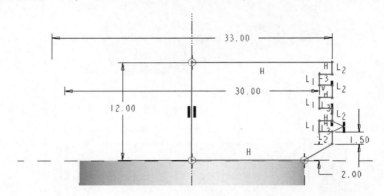

图 4-24　左侧圆孔特征草绘图

2）使用实体拉伸命令，创建左侧直径为 44.5mm，拉伸高度为 42.5mm 的圆柱体，倒角 D1×D2 为 5.75mm×9mm。效果如图 4-25 所示。

3）使用拉伸工具切割左侧实体，拉伸高度为 15mm，草图如图 4-26 所示。

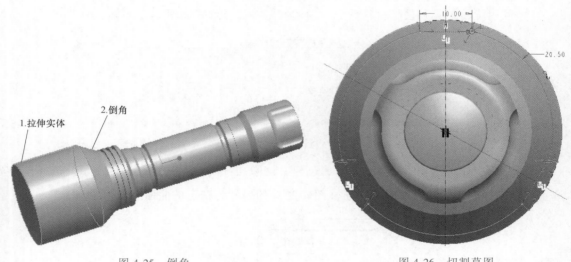

图 4-25　倒角

图 4-26　切割草图

4）对拉伸特征进行倒圆角（两处），圆角半径为 4mm，如图 4-27 所示。

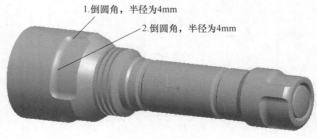

图 4-27　倒圆角

5）使用旋转工具和去除材料命令，切割左侧实体，草图如图 4-28 所示。

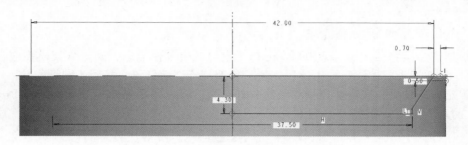

图 4-28　旋转切割特征草绘图

6）使用拉伸工具和去除材料命令，继续切割左侧实体，草图如图 4-29 所示。

7）复制曲面特征，旋转复制六个相同的曲面，并实体化。效果如图 4-30 所示。

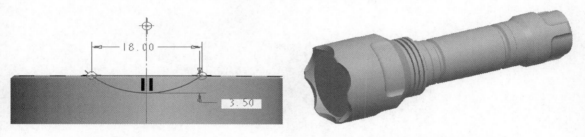

图 4-29　拉伸切割特征草绘图　　　　　　图 4-30　旋转复制效果

任务二　参照骨架模型创建零件

任务描述

根据任务一完成的骨架模型，参照已给出的各个零件三维模型（stl 格式文件），完成各个零件的拆分及结构设计。

相关知识

1. 分析手电筒的零件组成及配合方式

手电筒由灯头、螺纹头、主体、灯尾、玻璃灯罩、前灯罩、环圈、圆环等零件组成。

灯头和螺纹头的配合方式为螺纹联接。内、外螺纹旋合的条件是内、外螺纹五要素均相同，故在设计螺纹时，必须考虑该条件。可以完成灯头的螺纹特征设计后，再参照该螺纹特征完成螺纹头螺纹特征的创建。

同样，螺纹头和主体、主体和灯尾的联接均为螺纹联接，均需要考虑螺纹旋合条件，在完成其中一个零件的螺纹特征设计后，再参照完成另外一个零件的螺纹设计。

2. 采用"自上而下"的设计方法

参照骨架模型及各个零件的三维模型完成各个零件的结构设计，金属零件一般多采用螺纹联接方式，故设计时各零件间的联接方式均为螺纹联接。

参照骨架模型创建零件，结构设计时需要考虑零件材料属性及加工工艺，包括圆角、壁厚等元素的设计。

4

PROJECT

一、由骨架模型拆分各个零件

1）根据产品实物结构及骨架模型，分析手电筒各个零件形态，确定骨架模型应拆分出的特征模型，包括灯头、螺纹头、主体、灯尾、玻璃灯罩、前灯罩、环圈、圆环等。

2）确定各零件后，在骨架模型中绘制分件曲面。以主体零件的拆分为例，在 Pro/E 软件中选择 "插入"→"共享数据"→"复制几何" 命令，导入复制骨架模型的几何特征，绘制分件曲面，如图 4-31 所示，用分件曲面将主体零件分割出来并实体化。

其他零件的拆分思路相同，不一一介绍。

3）拆分出各个零件后，参照同类型产品或产品实物完成各个零件的结构设计。在各个零件结构设计过程中，注意考虑产品设计的工艺性。

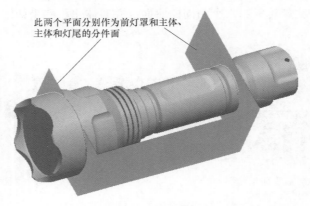

此两个平面分别作为前灯罩和主体、主体和灯尾的分件面

图 4-31　绘制分件曲面

二、参照拆分骨架模型进行零件创建

1. 创建手电筒灯头模型

1）参照骨架模型，选择 "插入"→"共享数据"→"复制几何" 命令，导入复制手电筒灯头模型几何特征，如图 4-32 所示。

2）参照零件模型，使用拉伸工具和去除材料命令切割实体，拉伸圆柱直径为 43mm，拉伸高度为 16.5mm，效果图如图 4-33 所示。

3）创建螺纹特征。选择 "插入"→"螺旋扫描"→"伸出项" 命令，螺纹特征扫引轨迹如

图 4-32　导入复制几何特征

图 4-33　切割实体效果图

图 4-34 所示。

螺纹特征扫描截面如图 4-35 所示，螺距设置为 1mm，生成螺纹特征。

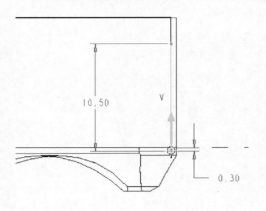

图 4-34 螺纹特征扫引轨迹

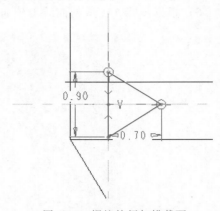

图 4-35 螺纹特征扫描截面

4）设置基准点，为创建曲线及曲面做准备。在螺纹端创建基准点，基准点设置分别如图 4-36~图 4-39 所示。

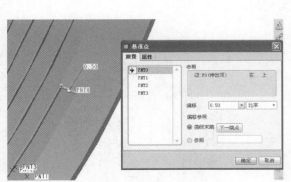

图 4-36 设置基准点 PNT0

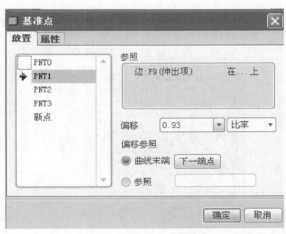

图 4-37 设置基准点 PNT1

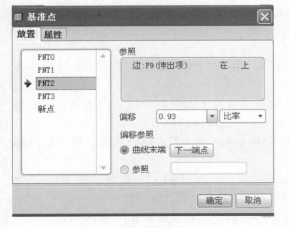

图 4-38 设置基准点 PNT2

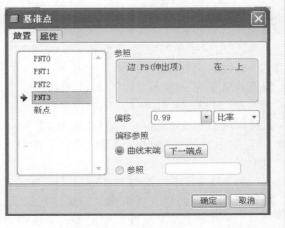

图 4-39 设置基准点 PNT3

5）创建曲线。分别连接 PNT0 和 PNT1、PNT0 和 PNT2、PNT0 和 PNT3，创建三条曲线，分别定义起始点和终点的相切属性。

6）根据步骤 5 完成的曲线创建曲面特征，如图 4-40 所示。

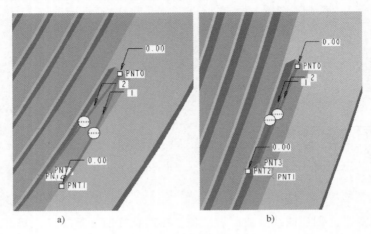

图 4-40　创建曲面特征

7）创建拉伸曲面，与步骤 6 完成的混合曲面合并，并实体化，效果如图 4-41 所示。

8）对螺纹特征进行倒圆角，半径值为 0.1mm，效果如图 4-42 所示。

9）复制该曲面特征，为创建螺纹头零件模型使用。

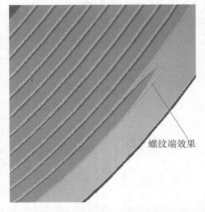

图 4-41　混合曲面合并并实体化效果

图 4-42　复制曲面特征

2. 创建手电筒螺纹头模型

1）参照骨架模型，选择 "插入"→"共享数据"→"复制几何" 命令，完成手电筒螺纹头模型外观模型的导入，如图 4-43 所示。

2）对模型进行实体化，参照零件模型，使用拉伸工具和去除材料命令切割实体，在右侧拉伸圆柱直径 22.7mm，拉伸高度为 12.5mm。完成效果如图 4-44 所示。

3）在模型左端口创建螺纹特征，参照螺纹头零件三维模型，创建混合曲面，修改螺纹端口形状。

4）为保证手电筒灯头和螺纹头零件的螺纹要素相同，选择 "插入"→"共享数据"→"复制几何" 命令，导入灯头模型的螺纹复制面，然后修改并实体化形成螺纹特征。

5）参照螺纹头零件三维模型，完成倒角及拉伸特征创建，完成效果如图 4-45 所示。

图 4-43　手电筒螺纹头模型外观模型导入

图 4-44　拉伸

3. 创建手电筒灯尾模型

1）参照骨架模型，选择"插入"→"共享数据"→"复制几何"命令，完成手电筒灯尾模型外观模型的导入，如图 4-46 所示。

图 4-45　倒角及拉伸特征完成效果图

图 4-46　手电筒灯尾模型外观模型导入

2）参照零件三维模型，完成拉伸特征、螺纹特征等创建，并复制螺纹特征曲面，以便为配合件手电筒主体模型使用。效果如图 4-47 所示。

4. 创建手电筒主体模型

1）参照骨架模型，选择"插入"→"共享数据"→"复制几何"命令，完成手电筒主体模型外观模型的导入，如图 4-48 所示。

图 4-47　拉伸特征螺纹特征的创建效果

图 4-48　手电筒主体模型外观模型导入

2）参照零件三维模型，重复使用拉伸命令，补充螺纹实体部分，完成效果如图 4-49 所示。

3）为使手电筒主体模型和螺纹头、灯尾模型的螺纹要素能够旋合，必须复制螺纹头、灯尾模型的螺纹特征曲面，然后参照复制的几何曲面特征，在主体模型中创建对应的螺纹特征曲面，修改相关特征形状。完成效果如图 4-50 所示。

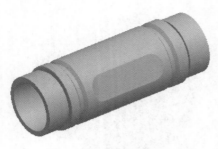

图 4-49　重复使用拉伸命令效果　　　　　图 4-50　修改效果图

5. 根据零件三维模型完成其他零件建模（图 4-51）。

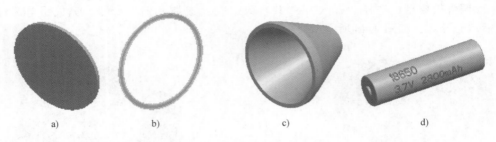

a)　　　　　　　b)　　　　　　　c)　　　　　　　d)

图 4-51　通用零件建模效果图

任务三　产品装配及检查

任务描述

根据任务二完成的零件模型，装配各个零件，检查产品的干涉情况等。具体任务包括：
1. Pro/E 软件组件装配。
2. 组件装配合理性检查，干涉检查。

任务实施

1. 装配各个零件

1）选择"文件"→"新建"命令，弹出"新建"对话框。"类型"项选择"组件"，"子类型"项选择"设计"，"名称"框输入"shoudiantong"，去掉"使用缺省模板"勾选，如图 4-52 所示。

2）选择"插入"→"元件"→"装配"命令，分别插入灯头、螺纹头、主体、灯尾，选择缺省选项，完成效果如图 4-53 所示。

3）继续装配通用件，如电池、灯罩等。

2. 检查装配合理性

选择"分析"→"模型"→"全局干涉"命令，如图 4-54 所示，分析产品的干涉，如有干涉，进行修改。

图 4-52　新建对话框

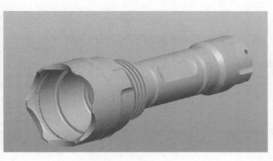

图 4-53　装配选项

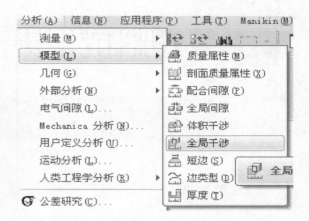

图 4-54　分析产品干涉

项目考核

铝制手电筒结构设计项目考核见表 4-1。

表 4-1　铝制手电筒结构设计项目考核

项目考核	考核内容	参考分值	考核结果	考核人
素质目标考核	遵守纪律	10		
	课堂互动	10		
	团队合作	10		
知识目标考核	产品设计思路的分析	10		
	零件结构设计的分析	20		
能力目标考核	参照 stl 格式文件完成骨架建模	20		
	拆件并完成零件结构设计	20		
小计		100		

4

PROJECT

塑料成型类产品结构设计

学习目标

通过本项目的学习，学生应达到以下基本要求：

1) 能够根据产品外观图和结构的具体要求进行"自上而下"和"自下而上"方式的全参数化设计建模和设计变更操作。

2) 能够综合运用 Pro/E 零件设计、组件设计、造型曲面设计等模块进行塑料产品的结构设计（建模）。

3) 能够掌握塑料产品常见结构设计，了解塑料产品工艺（丝印、喷油、UV、电镀等）及常见特性。

4) 能够运用建模工具和检验工具进行产品参数的修改、拔模检验、干涉检验等操作。

5) 能够完成嫩肤仪的结构设计（建模），并掌握同类消费类电子产品的一般设计方法。

考核要点

根据提供的光子嫩肤仪整机外部 ID 图，完成骨架建模、零件拆分及零件结构设计、子组件建模、PCB 堆叠等操作，提交完整且结构设计合理的三维结构图。

任务主线

光子嫩肤仪骨架模型绘制	光子嫩肤仪组件分析及建模	光子嫩肤仪自检
1.ID图导入 2.骨架模型建立 3.曲面实体化检测	1.组件构成分析 2.各级组件建模	1.零件拔模检查及处理 2.组件干涉检查及处理

项目描述

设计负责人下发设计任务，要求拆解、分析原有嫩肤仪整机模型数据，重新完成设计（建模）内容。该过程中可按照外观和结构要求完成设计变更，形成一款新的产品。

任务一 光子嫩肤仪骨架模型绘制

任务描述

根据已有光子嫩肤仪 ID 图，建立骨架模型，并进行曲面实体化检测。

相关知识

1. ID 图

ID 图是设计师根据产品需求设计出来的外观效果图。ID 图至关重要，有可能决定产品的市场欢迎程度及销量，这款产品的 ID 图如图 5-1 所示。

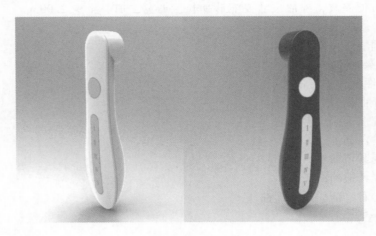

图 5-1　光子嫩肤仪 ID 图

　　分析 ID 图是进行结构设计的第一步，只有正确识读 ID 图，才能做好后续结构。光子嫩肤仪外形简单，是仿生螳螂的造型而来，主要结构件为前壳、后壳、PCB（Printed Circuit Board）组件、面板、按键、透明件等。

　　产品开发的一般流程是：企划部或者市场部发出开发指令，开发部委托设计公司或者 ID 设计部门进行外观造型设计，通常 ID 设计部门反馈给开发部的资料有 Rhino（犀牛）软件建模 3D 图、渲染后的效果图、CMF（Color, Material & Finishing）分析，以及设计说明书。

　　ID 设计师设计好的 3D 图，在精度、模具制造工艺、装配、拆件等方面通常达不到制造要求，外观面甚至可能存在倒扣而不能出模的情况，因此需要开发部的结构工程师将 3D 模型的 STP 图导入到 Pro/E 软件中重新进行曲面骨架建模以及相关组件建模。

　　结构设计完成后，公司通常会由结构设计部门进行结构评审，对设计不合理或者不科学的地方进行审核，并修改至符合要求。改好后的三维结构图再次经过审核后，就可以填写手板制作申请单，将零件清单以 CMF 要求发给手板厂进行手板制作处理。

　　2. 建模思路

　　Pro/E 结构设计是"自顶向下"的思路，自顶向下就是从上往下设计，是交互式设计软件的一大特色，也是一种与传统设计不同的设计理念。在 Pro/E 软件中实现"自顶向下"的设计通常按照以下步骤进行：

　　1）首先创建一个顶级组件，也就是总装配图，后续建模、组装围绕这个构架展开。

　　2）给这个顶级组件创建一个骨架，骨架相当于"地基"，骨架在自顶向下设计中是最重要的部分，骨架制作的好坏，直接影响后续工作开展。骨架做的好，则事半功倍；做的不好，不仅没有起到"地基"的作用，反而影响设计进度。

　　3）创建子组件，并在子组件中创建零件，所有子组件与零件按缺省模式装配。

　　4）所有子组件的主要零件参照骨架绘制，其外形大小与装配位置由骨架来控制。

　　5）如需修改零件外形尺寸与装配位置，只需要改动骨架，重生零件即可。

　　骨架在"自上向下"的设计中具有重要作用，骨架制作步骤要清晰明了，方便修改，线与面之间参照与参考要正确，切忌相同的线与面相互参照。

　　（1）构建骨架基本要求

　　1）外形要尽量贴近 ID 图外形，外观曲面模具不设行位（行位又称滑块），外观面上如果有行位，会形成模痕线，影响外观。拔模角度不小于 3°。

5

PROJECT

2）要求偏面（抽壳）不小于3.00mm。

3）尺寸要方便修改，外形尺寸要能够加长、加宽、加厚至少2.00mm，零件重生后特征不失败。

4）零碎曲面要尽可能少。

（2）制作骨架的基本步骤

1）参照ID图构建外形曲线。

2）构建前壳曲面。

3）构建后壳曲面。

4）构建公共曲面。

5）绘制前壳其他曲线。

6）绘制后壳其他曲线。

7）绘制左、右、前、后侧面曲线。

任务实施

1. ID建模

图5-2所示是ID设计师用Rhino软件建好的外观模型用Pro/E打开后的效果图（不同三维软件切换过程中需要用公用的STEP格式或者IGES格式）。

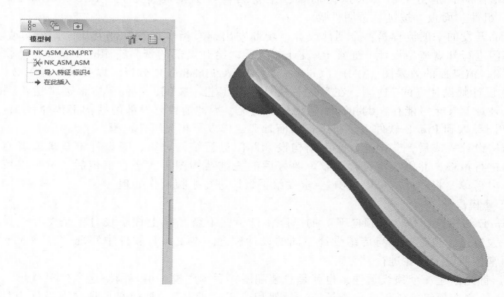

图 5-2　光子嫩肤仪模型

结构工程师收到ID图后第一步是重新用Pro/E再次建模，在后面结构零件制作时作为复制几何特征父特征。后面所有外观面都隶属于这个外观ID图，如果后续设计变更需要修改外观，只要修改ID图，重新生成后所有复制有ID图上面的零件都可以更改过来，这就是参数化建模的优势。光子嫩肤仪的ID建模步骤如下：

1）将STEP格式ID图导入Pro/E，新建一个Pro/E零件文件，命名为"NK_ID"，如图5-3所示。

2）右键激活"NK_ID"文件，进入激活模式，选择"插入"→"拉伸"→"拉伸为曲面"命令，二维草图如图5-4所示，用于画后续的边界混合线。

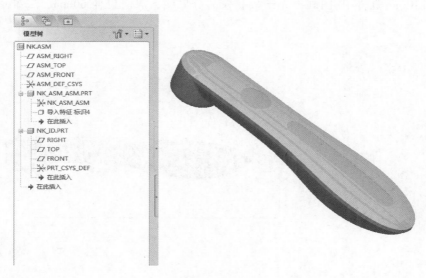

图 5-3　ID 图重建

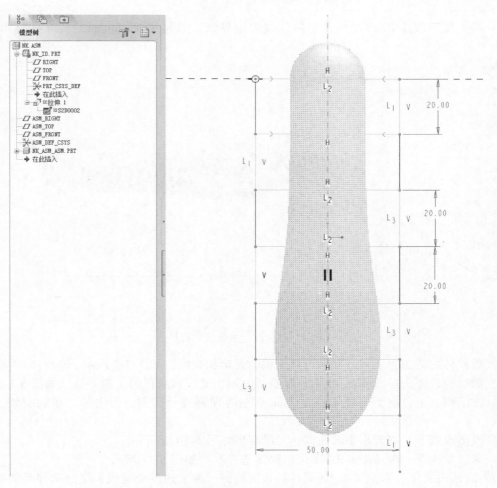

图 5-4　拉伸面作为边界混合的草绘平面

5

PROJECT

3）参照 Rhino 软件 ID 图画出光子嫩肤仪的分界线，双向拉伸 60mm，二维草图如图 5-5 所示。

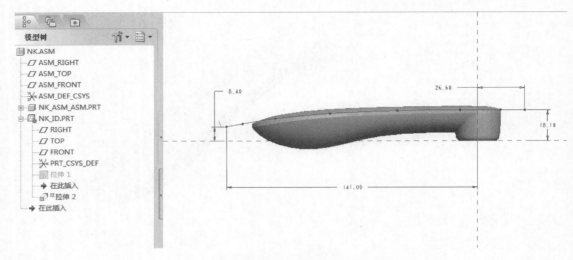

图 5-5　拉伸前壳和后壳的分界面

4）参照犀牛软件 ID 图画出光子嫩肤仪的边界线，双向拉伸 100mm，二维草图如图 5-6 所示。

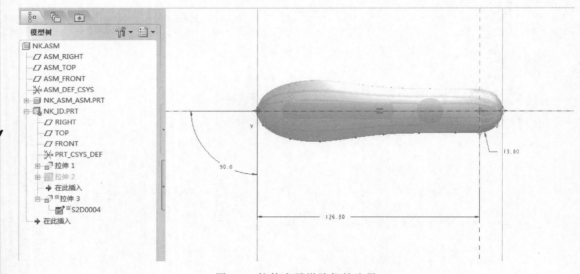

图 5-6　拉伸光子嫩肤仪的边界

5）将拉伸后的边界面和分界面进行交截，得出相交线，如图 5-7 所示。

6）激活模式下，参照犀牛 ID 图外部特征，画出光子嫩肤仪的上边界线，如图 5-8 所示。

7）激活模式下，向下偏移分界面 2mm 和边界面再进行交截，得出第二条相交线，如图 5-9 所示。

8）激活模式下，旋转出头部曲面，二维草图如图 5-10 所示；

9）激活模式下，参照犀牛 ID 图画出底部边界线，如图 5-11 所示。

10）激活模式下，参照犀牛 ID 图外部几何特征，画出边界骨架线，尾部边界骨架线二维草图如图 5-12 所示。

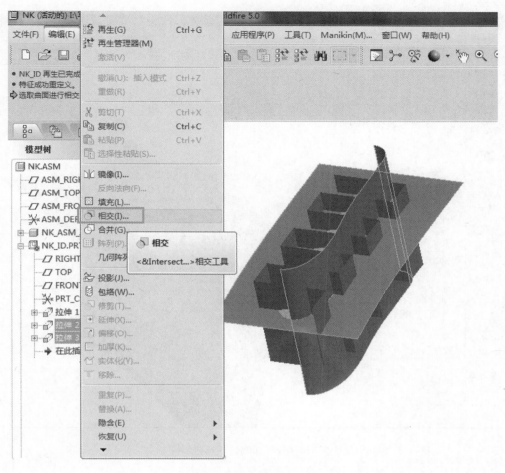

图 5-7　拉伸边界面和分界面交截

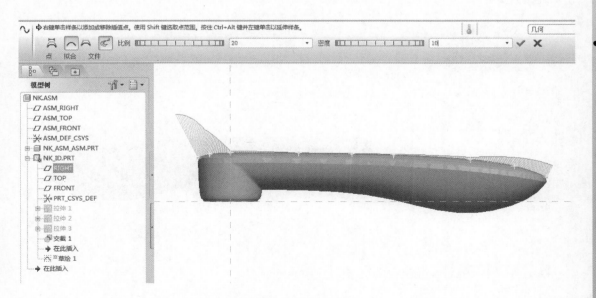

图 5-8　画出上边界线

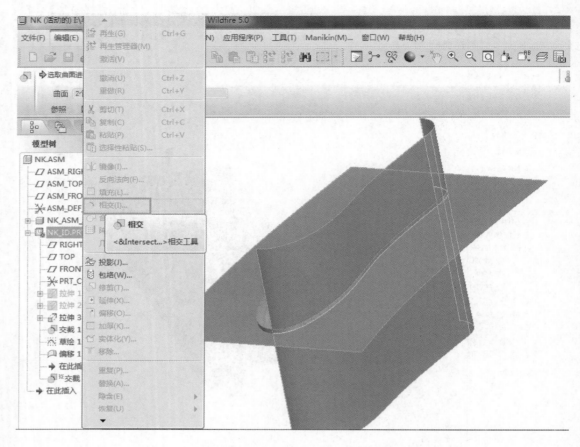

图 5-9 偏移分界面和边界面进行交载

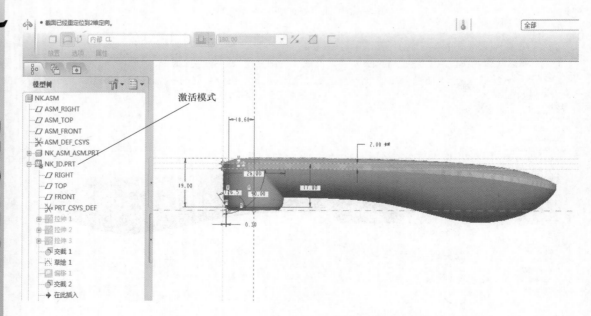

图 5-10 光子嫩肤仪头部曲面建模

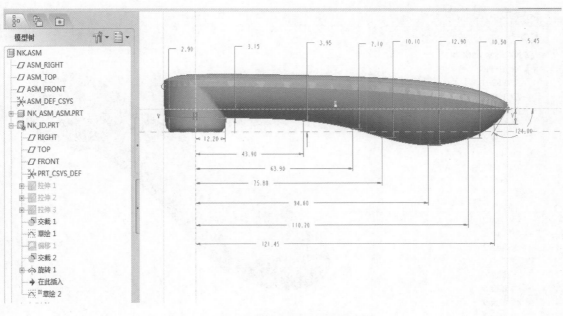

图 5-11　光子嫩肤仪底部曲线建模

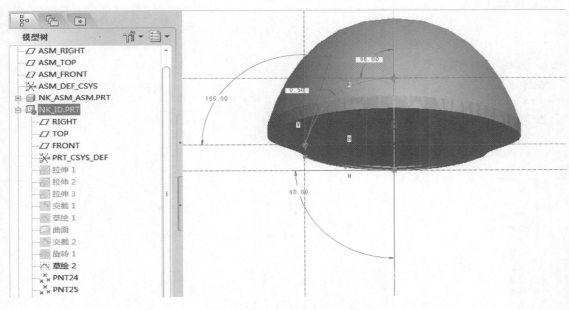

图 5-12　光子嫩肤仪骨架线建立

5 PROJECT

11）激活模式下，参照犀牛 ID 图外部几何特征，补充主体其他边界骨架线，如图 5-13 所示。

12）以此类推，激活模式下，参照犀牛 ID 图外部几何特征，画出完整的骨架线，其中横向骨架线用前面拉伸的分界曲面作为草绘面，如图 5-14 所示。

13）选择"插入"→"边界混合"命令，对骨架线进行边界混合，依次选取两个方向的骨架线完成混合，如图 5-15 所示。

14）选择"插入"→"边界混合"命令，对前壳骨架线进行边界混合，依次选取两个方向

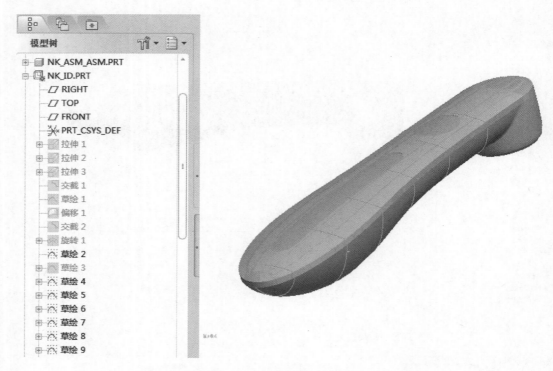

图 5-13　光子嫩肤仪骨架线建立

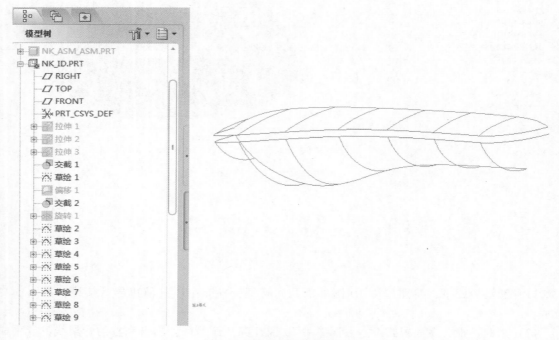

图 5-14　铺光子嫩肤仪骨架线

的骨架线完成混合，如图 5-16 所示。

　　15）对于容易出现收敛的边界，通常需要切开后再进行边界混合，如图 5-17 所示。对图 5-17 所示部位切开后再进行边界混合，如图 5-18 所示。

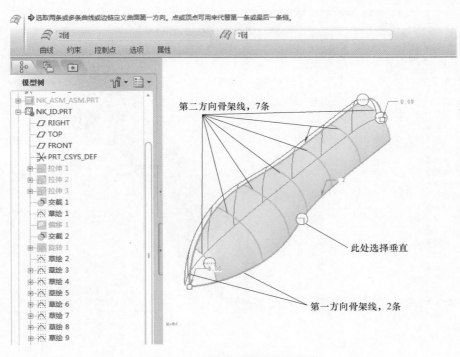

图 5-15　对骨架线进行边界混合

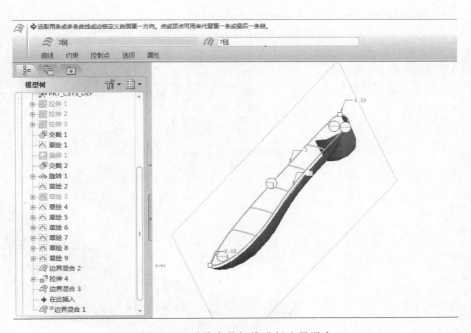

图 5-16　对前壳骨架线进行边界混合

对于对称的产品，建曲面时通常只需要建一半，最后使用"镜像"工具完成整体创建，因此在边界混合时需要注意，要"镜像"处理的边界线处要选择"垂直"，不然镜像后中间连接处达不到 G1 连接（相切连续），G0 连接（点连续）的结果是出现一条线，影响外观。

16）后续对所有曲面进行合并和修剪，如图 5-19 所示。

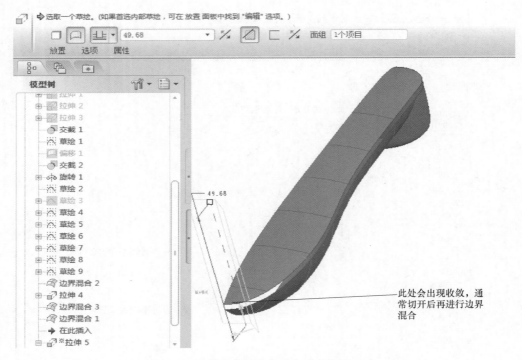

图 5-17　对前壳曲面收敛地方进行处理（一）

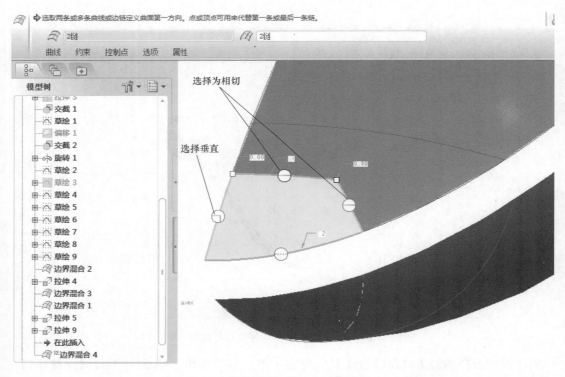

图 5-18　对前壳曲面收敛地方进行处理（二）

17）使用"镜像"工具，对合并后的曲面进行镜像，并再次合并；使用"拉伸"工具，拉伸按键和面板，如图 5-20 所示。

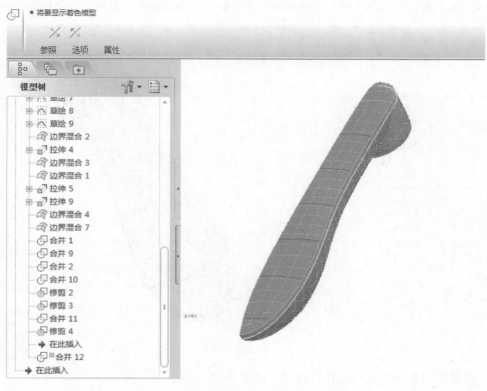

图 5-19　曲面合并如图所示

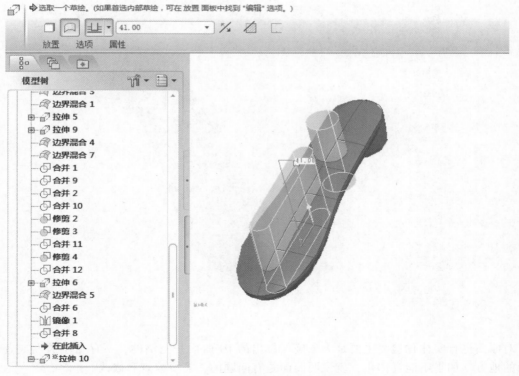

图 5-20　拉伸按键和面盖面

18）使用"投影"工具，将 LOGO 和按钮文字投影至前壳曲面，并拉伸，如图 5-21 所示。

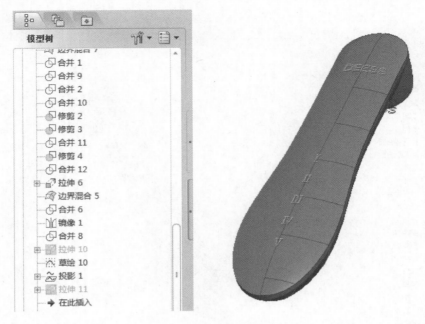

图 5-21　投影丝印图 LOGO

19）对最后曲面模型进行实体化检测，如图 5-22 所示。

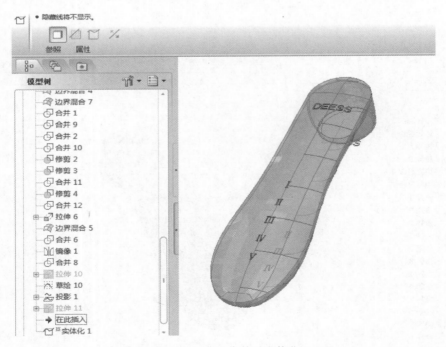

图 5-22　曲面合并后实体化

对曲面进行实体化检测主要是为了确保做出的 ID 曲面是完整的，不存在小破面或者未有封闭的地方。如果不能实体化，就说明曲面是有问题的，需要检查和修改。

任务二 光子嫩肤仪组件分析及建模

任务描述

分析光子嫩肤仪组件构成，并进行组件建模。

任务实施

1. 光子嫩肤仪模块构成分析

如图 5-23 所示，本任务中的光子嫩肤仪构件不多，可分为三级组件，一级组件为总装配组件。二级组件为骨架模型、前壳组件、后壳组件、堆叠板组件。三级组件中，前壳组件包括前壳、面板、按键等零件；后壳组件包括后壳、透明件等零件；堆叠板组件包括主 PCB、自攻螺丝等零件。

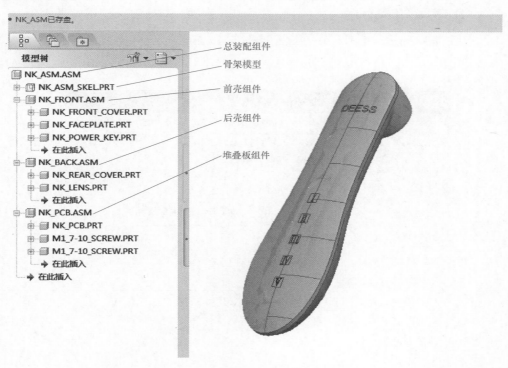

图 5-23 光子嫩肤仪的三维图组件

2. 光子嫩肤仪模板创建

产品模板构建从第一级总装配组件开始，再依次创建骨架模型、前壳组件、后壳组件、堆叠板组件。

（1）创建总装配组件文件 新建一个装配组件文件，命名为"NK_ASM"，其他设置如图 5-24 所示。

（2）创建骨架模型文件 选择"插入"→"元件"→"创建"命令，如图 5-25 所示。

弹出"元件创建"对话框，"类型"项选择"骨架模型"，"子类型"项选择"标准"，"名称"框输入"NK_ASM_SKEL"，然后单击"确定"按钮，如图 5-26 所示。

进入"创建选项"对话框，"创建方法"项选择"复制现有"，然后在 Pro/E 软件安装目录选择已建立的"NK_ID. prt"，如图 5-27 所示。完成后的骨架模型树如图 5-28 所示。

5 PROJECT

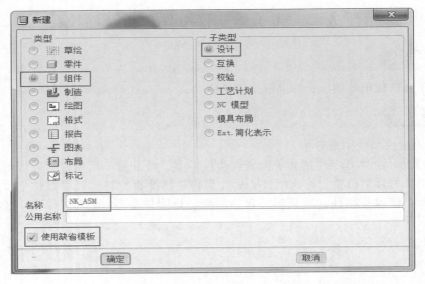

图 5-24 创建总组件

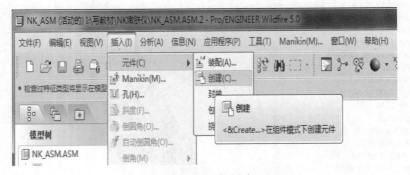

图 5-25 元件创建

图 5-26 新建骨架模型

图 5-27 复制模板文件

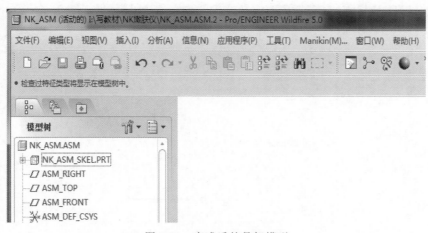

图 5-28 完成后的骨架模型

（3）创建前壳组件 新建一个前壳组件文件，命名为"NK_FRONT"，再将前壳组件装配到总组件下面，约束类型为"缺省"，如图 5-29 所示。

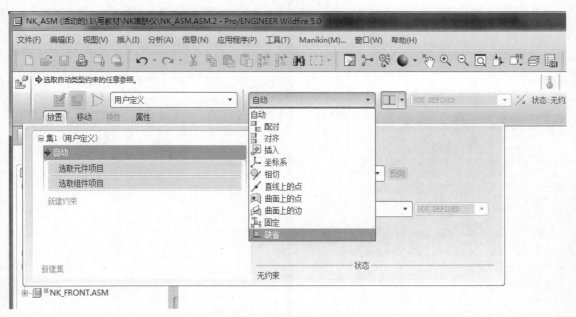

图 5-29 装配前壳组件

创建前壳组件下面的零件。选择"插入"→"元件"→"创建"命令，弹出"元件创建"对话框，"类型"项选择"零件"，"子类型"项选择"实体"，名称命名为"NK_FRONT_COVER"，然后单击"确定"按钮，如图 5-30 所示。

进入"创建选项"对话框，选择默认设置最后单击"确定"按钮。将前壳组件下面的零件装配到前壳组件下面，约束类型为"缺省"，完成后的前壳组件模型树如图 5-31a 所示。

同理，采用相同的方法创建后壳组件、堆叠板组件，及其相关零件，完成装配后的整体模型树如图 5-31b 所示。

（4）前壳建模 遵循"自上向下"的设计原则，以便于后续修改前壳的外观面从骨架模型上复制而来。选择"插入"→"共享数据"→"复制几何"命令，如图 5-32 所示。

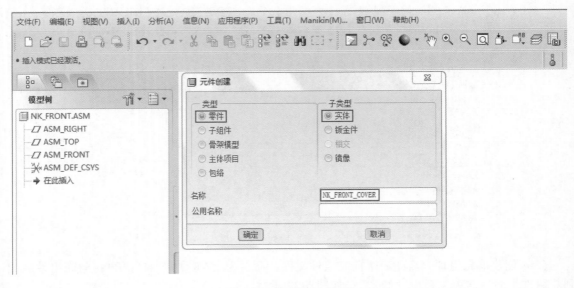

图 5-30 装配前壳子零件

a)

b)

图 5-31 所有组件及零件创建完成

单击文件打开图标，选择前面生成的骨架模型 nk_asm_skel. prt，如图 5-33 所示。选择"缺省"放置模式，如图 5-34 所示。

图 5-32 前壳复制几何特征

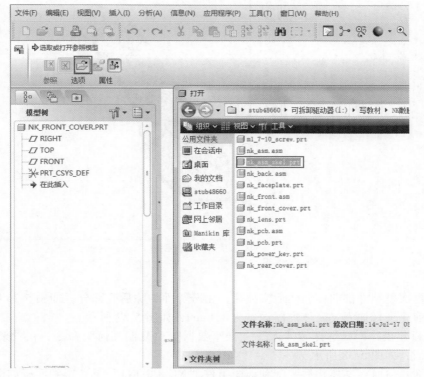

图 5-33 打开骨架模型

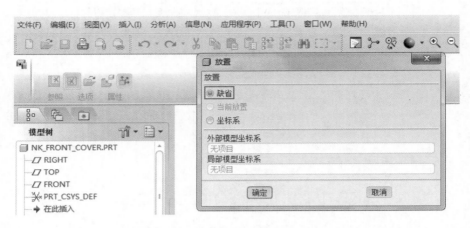

图 5-34　"缺省"放置模式设置

选择骨架模型中的外观面进行复制，将几何特征复制到前壳，如图 5-35 所示。

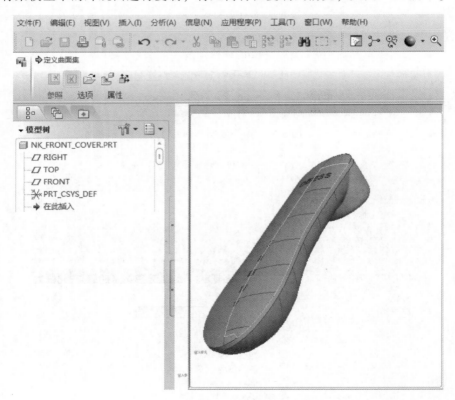

图 5-35　复制几何特征到前壳

其后，再次复制外部曲面，然后实体化，由分界面切除后壳部分，如图 5-36 所示。

随后对前壳进行抽壳，壳体内厚设置为 1.8mm，如图 5-37 所示。

（5）面板建模　同样选择"插入"→"共享数据"→"复制几何"命令，在骨架模型中复制面板几何特征，如图 5-38 所示。

复制外部几何面，实体化后装配到前壳组件"NK_FRONT"下，得到面板如图 5-39 所示。

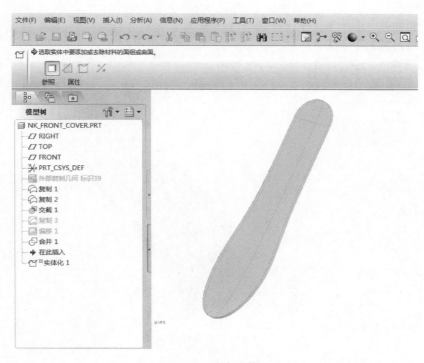

图 5-36　前壳实体化

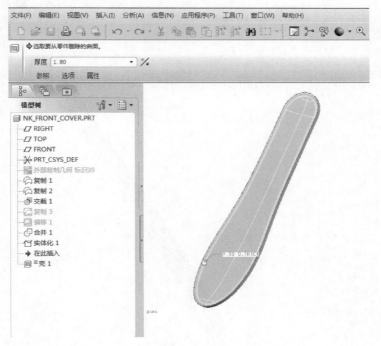

图 5-37　前壳抽壳

（6）按键建模　采用同样的方法复制骨架模型外部几何特征方法，创建按键模型，新建按键命名"NK_POWER_KEY"，并将按键组装到前壳组件"NK_FRONT"下。同样抽壳，内厚可以稍薄，设置为 1.5mm，如图 5-40 所示。

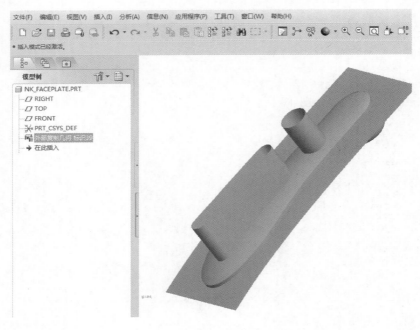

图 5-38　面盖建模

图 5-39　面盖设计

（7）后壳组件建模　采用同样的方法创建后壳、透明件零件模型，抽壳后组装到后壳组件 "NK_BACK" 下，如图 5-41 所示。

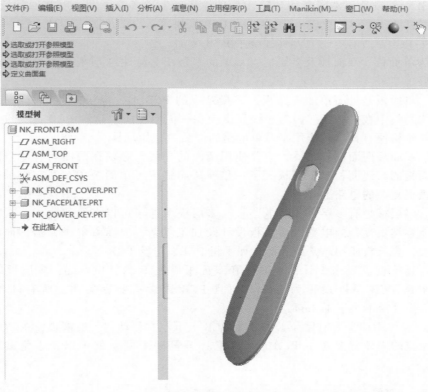

图 5-40　前壳组件设计

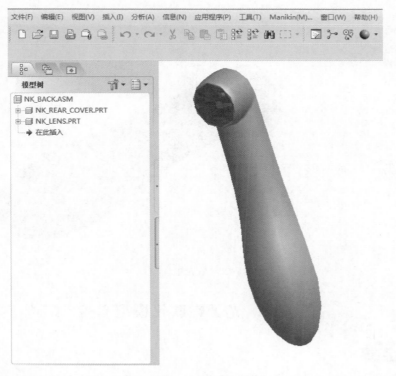

图 5-41　后壳组件设计

（8）PCB 组件设计　不同产品 PCB 上面的电子元器件各有不同，PCB 通常控制 LCD 屏、连接器、轻触开关、喇叭、电池、DC 插头、USB 模块等。有的产品有多块 PCB，但是一般来说有一块是主 PCB，所有电子元器件围绕主 PCB 叠加。

PCB 分为单面板、双面板及多层板，常见的多层板一般为 4 层板或 6 层板，复杂的多层板可达几十层。

单面板。单面板是最简单的电路板，在最基本的 PCB 上，电子元器件集中在其中一面，而电路的导线则集中在另一面。因为导线只出现在一面上，所以这种 PCB 称为单面板。单面板加工简单，价格便宜，广泛应用于简单电路的产品中，如玩具、小家电等。

双面板。双面板两面都有布线，但要使用两面的导线，必须在两面间有适当的电路连接才可以。双面板的布线面积比单面板大了一倍，从而解决了单面板中布线交错的问题，适合用在比单面板更复杂的电路上。

多层板。多层板是有多层布线的电路板，多层板增加了可以布线的面积，在有限的外形尺寸限制下能容纳更复杂的电路。多层板设计及加工复杂，但随着电子元器件向小型化、高度集成化发展，多层板应用越来越广泛，如手机 PCB、电脑 PCB 等。

PCB 的厚度根据需要来设计，单面板和双面板厚度不小于 0.4mm，多层板厚度不小于 0.8mm，本案例 PCB 厚度设置为 1mm。而且 PCB 边缘不要有尖角，所有圆角半径大于 0.5mm，定位孔直径不小于 1.8mm。

主 PCB 在壳体中四周要有限位，防止主 PCB 上下左右移动，一般来说，主 PCB 先装在哪个壳体上，相应的壳体就要对主 PCB 进行限位，只需一个限位就可以，避免重复限位，如图 5-42 所示。

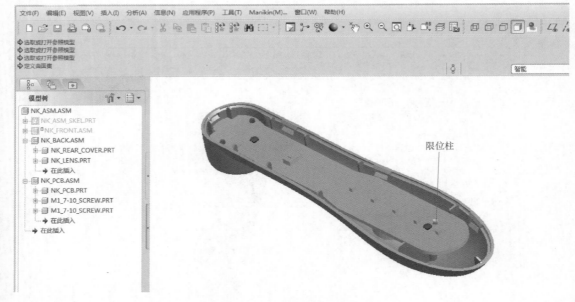

图 5-42　后壳组件设计

任务三　光子嫩肤仪模型自检

 **任务描述**

对光子嫩肤仪单个零件进行拔模检查，对各级组件的干涉情况进行检查。

任务实施

1. 零件拔模检查及处理

零件拔模斜度是保证模具在注塑时能顺利出模的。一般来说，外观面如果不走滑块，需做拔模斜度不小于3°；非外观面的重要配合面拔模斜度为2°左右，如电池室、止口等。非外观面的配合面需要直身位的零件可以不用拔模。

打开某单个零件，选择"分析"→"几何"→"拔模"命令，弹出"斜度"对话框，如图5-43所示。

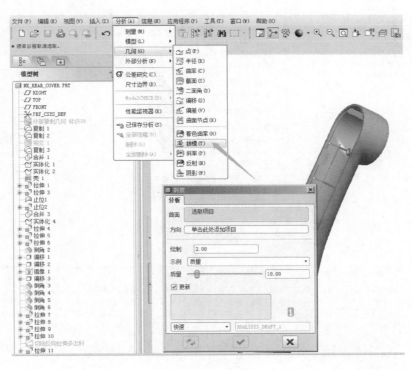

图 5-43 零件拔模

2. 干涉检查及处理

产品结构设计上所说的"干涉"就是零件与零件之间有相互重叠的地方，干涉是不允许的，三维图上有干涉，就会造成实物不能装配，所以一定要处理所有的干涉，也包括细微的干涉。

在三维图中有一些是良性干涉，良性干涉是指在三维图中有干涉而实物装配中并不存在干涉的地方，如预压、导电胶条等等，良性干涉不用处理。

干涉检查从壳体中的小组件查起，处理完小组件干涉，再检查总组件。

以前壳组件检查为例。打开前壳组件，选择"分析"→"模型"→"全局干涉"命令，如图5-44所示。

弹出"全局干涉"对话框，"设置"项选择"仅零件"，"计算"项选择"精确"，单击检查图标 ⌖ 进行检查，如图5-45所示。

总组件干涉检查。检查完所有小组件后，再对总组件进行检查。打开总组件，选择"分析"→"模型"→"全局分析"命令，弹出"全局分析"对话框，"设置"项选择"仅子组件"，

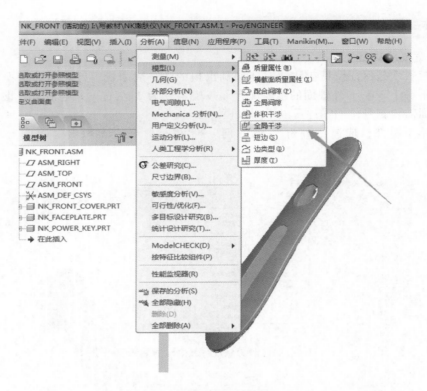

图 5-44　前壳组件干涉检查（一）

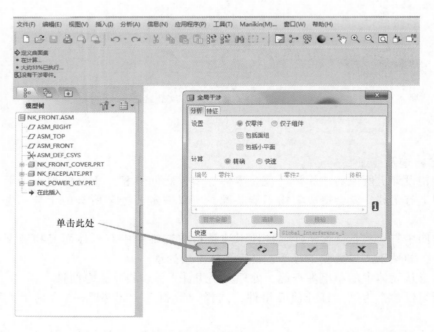

图 5-45　前壳组件干涉检查（二）

对总组件中所有小组件之间的干涉进行检查，如图 5-46 所示。

如果存在干涉，必须处理，处理干涉的方法有切胶、将干涉结构移位等。

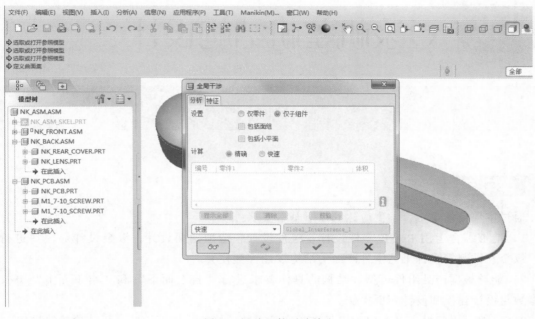

图 5-46 总组件干涉检查

项目考核

塑料成型类产品结构设计项目考核见表 5-1。

表 5-1 塑料成型类产品结构设计项目考核

项目考核	考核内容	参考分值	考核结果	考核人
素质目标考核	遵守纪律	10		
	课堂互动	10		
	团队合作	10		
知识目标考核	产品分析的方法	10		
	光子嫩肤仪骨架建模思路	10		
	光子嫩肤仪组件建模思路	10		
能力目标考核	光子嫩肤仪前壳建模	10		
	光子嫩肤仪 PCB 建模	10		
	光子嫩肤仪后壳建模	10		
	组件干涉分析	10		
小计		100		

5

PROJECT

项目六 豆浆机整机结构设计

学习目标

通过本项目的学习，学生应达到以下基本要求：

1）能够综合运用 Pro/E 零件设计、组件设计、造型曲面设计、钣金设计等模块进行注塑、钣金、铣削等多种工艺组件产品的结构设计（建模）。

2）能够根据产品组件模型和结构的具体要求进行"自上而下"和"自下而上"方式的全参数化设计建模和设计变更操作。

3）能够运用建模工具和检验工具进行产品参数的修改、拔模检验、干涉检验等操作。

4）能够完成豆浆机整机的结构设计（建模），并掌握小家电产品的一般设计方法。

考核要点

根据提供的豆浆机整机 ASM 组件模型，完成各个零件和子组件的建模，并按照装配关系的要求完成组装。

任务主线

组件分析	零件特征分析	重建模与装配
1.组件模型文件打开 2.零件的激活、打开与"编辑定义"命令操作 3.子组件的打开与特征分析 4.装配关系分析	1.使用"编辑定义"命令与模型播放功能进行零件特征的分析 2.记录零件全部尺寸数据与参考特征关系	1.现有零件和子组件的装配 2.完成零件和子组件的重建模和装配 3.根据外观和使用功能的新要求完成相应的设计变更 4.失败特征的处理 5.元件查找

项目描述

1. 设计负责人下发设计任务，要求拆解、分析原有豆浆机整机模型数据，重新完成设计（建模）内容。该过程中可按照外观和结构要求进行设计变更，形成一款新的产品。

2. 修改除外观子组件或零件以外的所有内部"非标件"，生成组件模型，以"备份"的形式重新保存在名为"1"的英文路径文件夹内；修改外观和内部所有"非标件"，生成组件模型，以"备份"的形式重新保存在名为"2"的英文路径文件夹内。

任务一 豆浆机整机组件分析

任务描述

该豆浆机整机组件模型为某综合项目的已有数据成果，本任务是整个项目的前置任务，利用 Pro/E 软件充分分析该豆浆机结构模型的组成（包括组件、子组件、零件的参数），充分了解各个子组件和零件之间的装配关系、创建方式，充分吸收、理解原有设计的目的及思路，为后续任务的开展打好基础。

相关知识

1. 构成豆浆机组件的子组件与零件（组件元件或子组件元件）。
2. 构成豆浆机组件的子组件和零件（组件元件或子组件元件）之间的装配关系。
3. 零件的一般创建方式。
4. "标准件"与"非标件"的区别。

任务实施

1. 豆浆机整机模型分析

豆浆机整机模型图和模型树分别如图 6-1 和图 6-2 所示。打开豆浆机组件模型节点"HY-1403. ASM"，共包含 18 个零件（组件元件）和 1 个子组件，其中，子组件"5421A. ASM"又包含 3 个子组件和 1 个零件（子组件元件）；如图 6-3 所示，子组件"5421A. ASM"共包含了 15 个零件。综上所述，模型文件"HY-1403. ASM"共包含了 33 个零件，它们之间的装配关系可通过"编辑定义"命令逐个进行查看，如图 6-4 所示。

图 6-1　实体图

图 6-2　模型树

图 6-3　HY-1403. ASM 子组件模型树

2. 梳理零件和子组件

豆浆机组件模型文件"HY-1403. ASM"包含 1 个子组件"5421A. ASM"；18 个零件（组件元件），分别是："BASE. PRT""BODY. PRT""BUTTON. PRT""SHOCKPROOF-GASKET. PRT""CONTAINER. PRT""GAIPIAN. PRT""ZHOU. PRT""COVER. PRT""CUTTER_BASE. PRT""CUTTER. PRT""SPRING_1. PRT""ADORNLOOP. PRT""DIANRONG. PRT""CONTAINER2. PRT""SPRING_2. PRT""POWER-CORD. PRT""MICRO_SWITCH. PRT""DANGFENPIAN. PRT。右键单击

6

PROJECT

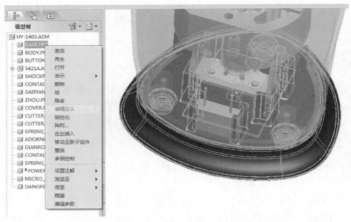

图 6-4　零件编辑定义

某节点，可通过"打开"命令打开任一零件或子组件，从而在窗口中显示打开对象，以打开基座零件"BASE.PRT"为例，如图 6-5 所示。

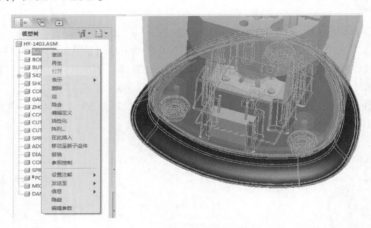

图 6-5　打开组件元件和子组件

3. 零件和子组件的装配关系分析

如图 6-4 所示，以"BASE.PRT"零件为例，通过"编辑定义"命令查看装配关系：右键单击"BASE.PRT"节点，选择"编辑定义"命令，显示具体的装配约束关系（缺省）。零件"BASE.PRT"采用"自上而下"的方式创建，因此其装配方式为"缺省"。本项目中其他零件和子组件均采用"缺省"装配方式，或在"用户定义"命令下选择"配对"/"对齐"/"插入"的装配方式进行自定义装配。

4. 零件的创建方式分析

1）外壳零件"BASE.PRT""BODY.PRT""BUTTON.PRT""COVER.PRT采用"自上而下"的方式创建。通过"插入"→"共享数据"→"复制几何"命令进行母体（造型设计方案的文件模型）全部曲面的复制，如图 6-6 所示，再按照结构分块的要求逐个分割出上述几个外壳零件，这些零件的装配方式为"缺省"，即按照母体零件默认坐标位置进行摆放。

2）子组件"5421A.ASM"，零件"SHOCKPROOF-GASKET.PRT""CUTTER_BASE.PRT""CUTTER.PRT""SPRING_1.PRT""DIANRONG.PRT""SPRING_2.PRT""POWER-CORD.PRT""MICRO_SWITCH.PRT""DANGFENPIAN.PRT采用自定义装配方式，通过

"用户定义"→"配对"/"对齐"命令进行装配。这些子组件和零件均为标准件或由外部直接调用的已设计完成的结构件，它们是进行组件产品设计的尺寸设计基准及装配原始尺寸基准，是在各个建模模块创建完成后通过"装配"命令由外部调入，再通过定义与外壳零件具体的装配关系（对齐、配对等）进行摆放；这些子组件和零件是进行其他非外壳零件设计的尺寸基准，是"标准件"。

图 6-6　母体曲面的复制

3）其他零件均采用"自下而上"的堆砌创建方式，创建过程中不断地选取上述子组件或零件的点、线、面、基准平面等元素作为自身特征形状和位置的参照（建模基准），再通过各种建模工具进行逐一创建，最终形成一个个装配在外壳零件和"标准件"上的"非标件"。具体的创建过程为：

在组件模块下单击创建图标，弹出"元件创建"对话框，参数设置如图 6-7 所示；单击"确定"进入图 6-8 所示的"创建选项"对话框，"创建方法"选择"复制现有"/"定位缺省基准"/"空"，选取已有子组件或零件的点、线、面、基准平面等作为建模基准，逐一进行特征的创建。

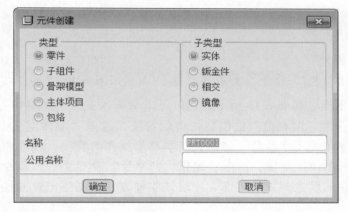

图 6-7　元件创建

图 6-8　创建选项

注：为了避免零件反复创建操作导致的组件基准过多、绘图界面杂乱、点选对象困难的问题（图 6-9），上述创建过程中"创建方法"一般选"空"，然后直接选取已有子组件或零件的点、线、面、基准平面等作为建模基准，完成后续所有特征创建。

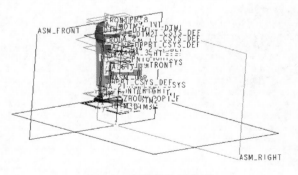

图 6-9　杂乱的绘图界面

任务二　零件和子组件的创建过程分析和重建模

任务描述

利用 Pro/E 软件，逐个对该豆浆机整机组件模型的零件（组件元件和子组件元件）进行分析、记录零件尺寸数据，并逐个分析子组件和所有零件的装配关系，在不改变"标准件"参数的前提下进行"非标件"参数的修改，改变零件的形状，完成重建模，从而达到修改组件设计的目的。

相关知识

1. "编辑定义"命令的操作。
2. 各种基本特征的创建。
3. 钣金特征的创建。
4. 零件的设计变更操作。
5. 拔模检验与干涉检验。

任务实施

1. 零件和子组件的创建过程分析

（1）零件"BASE. PRT"创建过程分析

打开零件"BASE. PRT"，通过"着色"命令 查看零件实体图，如图 6-10 所示；点选"无隐藏线"图标 查看零件线框图，如图 6-11 所示；同时可由绘图区左侧"模型树"查看零件建模过程，如图 6-12 所示。逐一用右键点选模型树中的特征，选择"编辑定义"命令，如图 6-13 所示，可查看该特征相关尺寸参数。如遇有基本草绘操作的特征，在绘图界面中右键长按模型，出现图 6-14 所示快捷菜单，选择"编辑内部草绘"命令，进入草绘编辑界面，如图 6-15 所示，特征包含的尺寸参数就出现了。通过此种方式，逐项记录零件全部尺寸数据。

零件"BASE. PRT"重建模主要使用的工具命令包括 复制几何、 切剪、 伸出项、 曲面、 轮廓筋、 偏移、 斜度、 倒圆角 等，使用这些命令并按照模型树中的操作顺序重新创建该零件模型。

图 6-10　"BASE. PRT"实体图

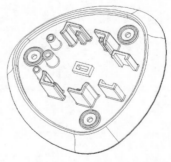

图 6-11　"BASE. PRT"线框图

图 6-12 "BASE.PRT" 模型树

图 6-13 编辑定义

图 6-14 编辑内部草绘

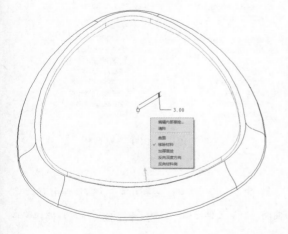

图 6-15 草绘界面

　　"复制几何"命令操作过程中须复制母体的全部曲面（图6-6），并且严格以母体上对应的分块平面（图6-16）为参照进行切割分块，分块完成后再按照模型树中的建模步骤逐项创建特征。

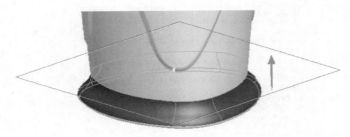

图6-16　分块平面

（2）零件"BODY.PRT"创建过程分析

　　打开零件"BODY.PRT"，通过"着色"命令 ⬛ 查看零件实体图，如图6-17所示；点选"无隐藏线"图标 ⬜ 查看零件线框图，如图6-18所示；同时可由绘图区左侧"模型树"查看零件建模过程如图6-19所示。参照"BASE.PRT"特征参数查看和记录方法，记录"BODY.PRT"零件的尺寸数据。

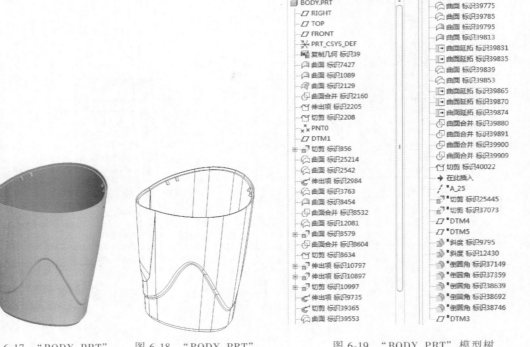

图6-17　"BODY.PRT"　　图6-18　"BODY.PRT"　　图6-19　"BODY.PRT"模型树
　　　　实体图　　　　　　　　　线框图

　　零件"BODY.PRT"重建模主要使用的工具命令包括 🔲 复制几何、📐 伸出项、🔲 切剪、🔧 伸出项、🔲 壳、🔧 切剪、🔲 曲面、🔧 伸出项、🔧 轮廓筋、🔲 偏移、🔧 斜度、🔧 倒圆角 等，使用这些命令并按照模型树中的操作顺序重新创建该零件模型。

"复制几何"命令操作过程中须复制母体的全部曲面（图 6-6），并且严格以母体上分块线所在空间曲面（图 6-20）为参照进行切割分块（上、下两部分直接切除），分块完成后再按照模型树中的建模步骤逐项创建特征。

（3）零件"BUTTON.PRT"创建过程分析

打开零件"BUTTON.PRT"，通过"着色"命令查看零件实体图，如图 6-21 所示；点选"无隐藏线"图标查看零件线框图，如图 6-22 所示；同时可由绘图区左侧"模型树"查看零件建模过程，如图 6-23 所示。同前，采用相同的方法记录"BUTTON.PRT"零件的尺寸数据。

图 6-20　分块线

图 6-21　"BUTTON.PRT"实体图

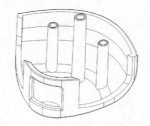

图 6-22　"BUTTON.PRT"线框图

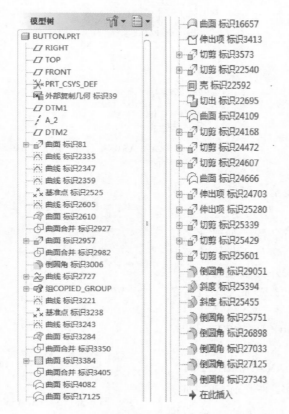

图 6-23　"BUTTON.PRT"模型树

零件"BODY.PRT"重建模主要使用的工具命令包括 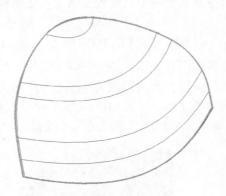 倒圆角 、 曲面 、 曲面合并 、 伸出项 、 切剪 、 壳 、切出 、 斜度 、 轮廓筋 等，使用这些命令并按照模型树中的操作顺序重新创建该零件模型。

"复制几何"命令操作过程中须复制母体的全部曲面（图6-6），并且严格以母体上分块线所在空间曲面（图6-24）为参照进行切割分块，分块完成后再按照模型树中的建模步骤逐项创建特征。

（4）子组件"5421A.ASM"创建过程分析

打开子组件"5421A.ASM"，通过"着色"命令 查看组件实体图，如图6-25所示；点选"无隐藏线"图标 查看组件线框图，如图6-26所示；同时可由绘图区左侧"模型树"查看该子组件的组成，单击模型树中此子组件的显示图标 ，显示下一级子组件和零件，直到所有零件全部显示，如图6-27所示。同前，采用相同的方法记录"5421A.ASM"组件下各零件的尺寸数据。

图6-24 分块线

图6-25 "5421A.ASM"
实体图

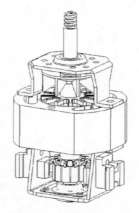

图6-26 "5421A.ASM"
线框图

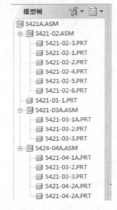

图6-27 "5421A.ASM"
模型树

此子组件先通过外部装配，然后通过"装配"命令 导入，并采用"用户定义"→"对齐"的自定义装配方式进行装配。创建此子组件时，须另行逐个创建单个零件文件，按照其内部结构要求进行建模，在外部装配为一个整体，再整体导入到"HY-1403.ASM"中进行装配，如图6-28所示。

（5）零件"SHOCKPROOF-GASKET.PRT"创建过程分析

打开零件"SHOCKPROOF-GASKET.PRT"，通过"着色"命令 查看零件实体图，如图6-29所示；点选"无隐藏线"图标 查看零件

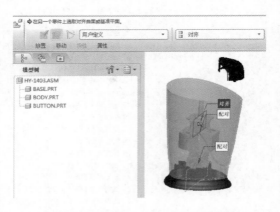

图6-28 5421A.ASM 的整体装配

线框图，如图 6-30 所示；同时可由绘图区左侧"模型树"查看零件建模过程，如图 6-31 所示。同前，采用相同的方法记录"SHOCKPROOF-GASKET. PRT"零件的尺寸数据。

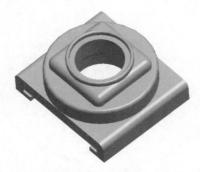

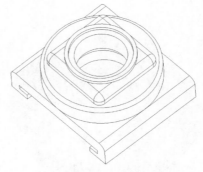

图 6-29　"SHOCKPROOF-GASKET. PRT"实体图　　图 6-30　"SHOCKPROOF-GASKET. PRT"线框图

零件"SHOCKPROOF-GASKET. PRT"重建模主要使用的工具命令包括 伸出项 、 伸出项 、 倒圆角 、 曲面、 切剪、 曲面、 切剪 等，使用这些命令并按照模型树中的操作顺序重新创建该零件模型。

此零件通过"创建"命令 进行"自下而上"方式的创建，"创建选项"对话框中，"创建方法"选择"定位缺省基准"，"定位基准的方法"选择"对齐坐标系与坐标系"，如图 6-32 所示，创建过程中同时须选取其他已创建零件（子组件）的点、线、面、基准平面等作为参照。

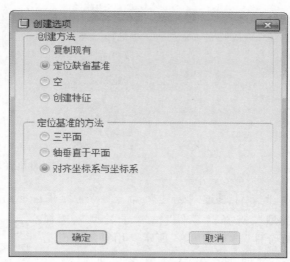

图 6-31　"SHOCKPROOF-GASKET. PRT"模型树　　　图 6-32　对齐坐标系与坐标系

（6）零件"CONTAINER. PRT"创建过程分析

打开零件"CONTAINER. PRT"，通过"着色"命令 查看零件实体图，如图 6-33 所示；点选"无隐藏线"图标 看零件线框图，如图 6-34 所示；同时可由绘图区左侧"模型树"查看零件建模过程，如图 6-35 所示。同前，采用相同的方法记录"CONTAINER. PRT"零件的尺寸数据。

零件"CONTAINER. PRT"重建模主要使用的工具命令包括 曲面 、 、

⊿ 曲面 、□ 曲面、 ⊿ 曲面 、 ⏱ 曲面合并 、 🖱 伸出项 、 ⊙ 曲线 、 ⊿ 伸出项 、 ⊡ 壳 、 ⊕ 伸出项 。 ⊿ 切剪 等，使用这些命令并按照模型树中的操作顺序重新创建该零件模型。

图 6-33 "CONTAINER. PRT" 实体图

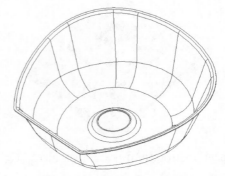

图 6-34 "CONTAINER. PRT" 线框图

图 6-35 "CONTAINER. PRT" 模型树

此零件通过"创建"命令 🖼 进行"自下而上"方式的创建，"元件创建"对话框中，"类型"选择"零件"，"子类型"选择"钣金件"，如图 6-36 所示；用复制曲面工具复制曲面，或点选被复制曲面通过"Ctrl+C""Ctrl+V"的方式复制"模型 □CONTAINER 的特征曲面标识 1"，然后再逐步进行该钣金件的创建。

（7）零件"GAIPIAN. PRT"创建过程分析

打开零件"GAIPIAN. PRT"，通过"着色"命令 🖸 查看零件实体图，如图 6-37 所示；点选"无隐藏线"图标

图 6-36 钣金件的创建

查看零件线框图，如图 6-38 所示；同时可由绘图区左侧"模型树"查看零件建模过程，如图 6-39 所示。同前，采用相同的方法记录"GAIPIAN. PRT"零件的尺寸数据。

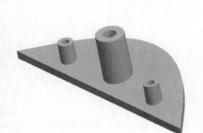

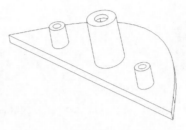

图 6-37　"GAIPIAN. PRT"
实体图

图 6-38　"GAIPIAN. PRT"线框图

图 6-39　"GAIPIAN. PRT"
模型树

零件"GAIPIAN. PRT"重建模主要使用的工具命令包括 曲面 、 、 曲面 、 曲面 、 曲面合并 、 伸出项 、 斜度 、 切剪 、 切出 等，使用这些命令并按照模型树中的操作顺序重新创建该零件模型。

此零件通过"创建"命令 进行"自下而上"方式的创建；用复制曲面工具复制曲面，或点选被复制曲面，通过"Ctrl+C""Ctrl+V"的方式复制"模型 GAIFLAN 的特征曲面标识1"，然后再逐步进行该实体零件的创建。

（8）零件"ZHOU. PRT"创建过程分析

打开零件"ZHOU. PRT"，通过"着色"命令 查看零件实体图，如图 6-40 所示；点选"无隐藏线"图标 查看零件线框图，如图 6-41 所示；同时可由绘图区左侧"模型树"查看零件建模过程，如图 6-42 所示。同前，采用相同的方法记录"ZHOU. PRT"零件的尺寸数据。

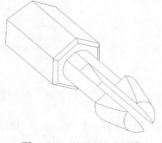

图 6-40　"ZHOU. PRT"
实体图

图 6-41　"ZHOU. PRT"
线框图

图 6-42　"ZHOU. PRT"
模型树

零件"ZHOU. PRT"重建模主要使用的工具命令包括 伸出项 、 伸出项 、 切剪 、 倒圆角 等，使用这些命令并按照模型树中的操作顺序重新创建该零件模型。

6

PROJECT

此零件通过"创建"命令  进行"自下而上"方式创建,"创建选项"对话框中,"创建方法"选择"空",创建过程中同时需要选取其他已创建零件(子组件)的点、线、面、基准平面等作为参照。

(9)零件"COVER.PRT"创建过程分析

打开零件"COVER.PRT",通过"着色"命令 查看零件实体图,如图6-43所示;点选"无隐藏线"图标 查看零件线框图,如图6-44所示;同时可由绘图区左侧"模型树"查看零件建模过程,如图6-45所示。同前,采用相同的方法记录"COVER.PRT"零件的尺寸数据。

图6-43 "COVER.PRT"实体图

图6-44 "COVER.PRT"线框图

图6-45 "COVER.PRT"模型树

零件"COVER.PRT"重建模主要使用的工具命令包括 曲面、 曲面、 曲面合并、 曲面、 倒圆角、 曲线、 壳、 切剪等,使用这些命令并按照模型树中的操作顺序重新创建该零件模型。

此零件通过"创建"命令 进行"自下而上"方式创建,"创建选项"对话框中,"创建方法"选择"定位缺省基准"。其创建的基础是通过选择"插入"→"共享数据"→"复制几何"命令复制来的外部零件的几何数据（具体数据采用"编辑定义"命令查看模型树），创建过程中同时需要选取其他已创建零件（子组件）的点、线、面、基准平面等作为参照，然后再逐步进行该实体零件的创建。

（10）零件"CUTTER_BASE.PRT"创建过程分析

打开零件"CUTTER_BASE.PRT"，通过"着色"命令 ⬛ 查看零件实体图，如图6-46所示；点选"无隐藏线"图标 ⬛ 查看零件线框图，如图6-47所示；同时可由绘图区左侧"模型树"查看零件建模过程，如图6-48所示。同前，采用相同的方法记录"CUTTER_BASE.PRT"零件的尺寸数据。

图6-46 "CUTTER_BASE.PRT"　　　图6-47 "CUTTER_BASE.PRT"　　　图6-48 "CUTTER_BASE.PRT"
　　　实体图　　　　　　　　　　　　　　　线框图　　　　　　　　　　　　　　　模型树

零件"CUTTER_BASE"重建模主要使用的工具命令包括 ⚙ 伸出项 、 ⬛ 切剪 、 ⬛ 切剪 等，使用这些命令并按照模型树中的操作顺序重新创建该零件模型。

此零件通过"创建"命令 ⬛ 进行"自下而上"方式的创建，"创建选项"对话框中，"创建方法"选择"定位缺省基准"，"定位基准的方法"选择"三平面"，如图6-49所示。创建过程中同时需要选取其他已创建零件（子组件）的点、线、面、基准平面等作为参照，逐步进行该实体零件的创建。

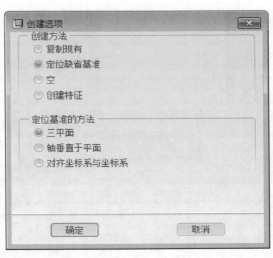

图6-49 三平面

（11）零件"CUTTER.PRT"创建过程分析

打开零件"CUTTER.PRT"，通过"着色"命令 ⬛ 查看零件实体图，如图6-50所示；点选"无隐藏线"图标 ⬛ 查看零件线框图，如图6-51所示；同时可由绘图区左侧"模型树"查看零件建模过程，如图6-52所示。同前，采用相同的方法记录"CUTTER.PRT"零件的尺寸数据。

零件"CUTTER.PRT"重建模主要使用的工具命令包括 ⬛ 第一壁 、 ⬛ 倒圆角 、 ⬛ 折弯 、 ⬛ 展平等，使用这些命令并按照模型树中的操作顺序重新创建该零件模型。

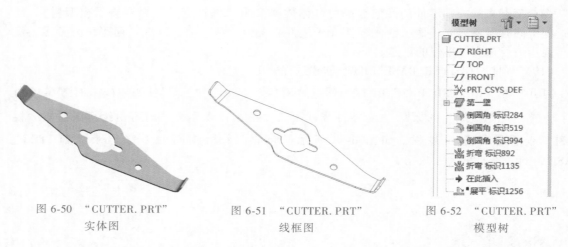

图 6-50 "CUTTER. PRT" 实体图　　图 6-51 "CUTTER. PRT" 线框图　　图 6-52 "CUTTER. PRT" 模型树

　　此零件通过"创建"命令 进行"自下而上"方式的创建，"元件创建"对话框中，"子类型"选择"钣金件"。使用工具命令 第一壁 创建如图 6-53 所示的第一壁封闭截面，然后依次按照 展平、 折弯的方式创建该零件的两种状态，分别如图 6-54 和图 6-55 所示。

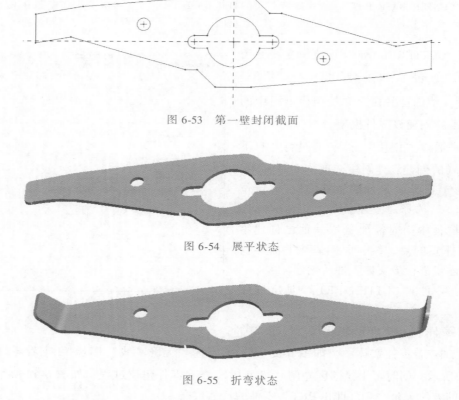

图 6-53 第一壁封闭截面

图 6-54 展平状态

图 6-55 折弯状态

（12）零件"SPRING_1. PRT"创建过程分析

　　打开零件"SPRING_1. PRT"，通过"着色"命令 查看零件实体图，如图 6-56 所示；点选"无隐藏线"图标 查看零件线框图，如图 6-57 所示；同时可由绘图区左侧"模型树"

查看零件建模过程，如图 6-58 所示。同前，采用相同的方法记录"SPRING_1.PRT"零件的尺寸数据。

图 6-56 "SPRING_1.PRT"实体图

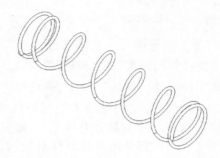

图 6-57 "SPRING_1.PRT"线框图

零件"SPRING_1.PRT"重建模主要使用的工具命令包括 ⟨⟨⟨ 伸出项 等，使用这些命令并按照模型树中的操作顺序重新创建该零件模型。

此零件通过"创建"命令 🔲 进行"自下而上"方式的创建，该零件为国标件，选择"螺旋扫描"→"伸出项"命令进行创建。如图 6-59 所示，具体尺寸单击"定义"按钮进行查看和修改。

图 6-58 "SPRING_1.PRT"模型树

图 6-59 伸出项设置

（13）零件"ADORNLOOP.PRT"创建过程分析

打开零件"ADORNLOOP.PRT"，通过"着色"命令 🔲 查看零件实体图，如图 6-60 所示；点选"无隐藏线"图标 🔲 查看零件线框图，如图 6-61 所示；同时可由绘图区左侧"模型树"查看零件建模过程，如图 6-62 所示。同前，采用相同的方法记录"ADORNLOOP.PRT"零件的尺寸数据。

图 6-60 "ADORNLOOP.PRT"实体图

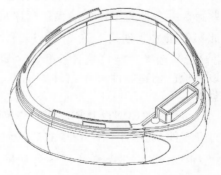

图 6-61 "ADORNLOOP.PRT"线框图

零件"ADORNLOOP. PRT"重建模主要使用的工具命令包括 ⬚ 伸出项 、▨ 曲面 、⌒ 曲面 、⬚ 曲面合并 、⬚ 曲面 、⬚ 伸出项 、⬚ 倒圆角 、⬚ 偏移 等，使用这些命令并按照模型树中的操作顺序重新创建该零件模型。

此零件通过"创建"命令 ⬚ 进行"自上而下"方式的创建，"创建选项"对话框中，"创建方法"选择"定位缺省基准"，"定位基准的方法"选择"对齐坐标系与坐标系"。创建过程中，首先使用导入工具进行外部参考特征的导入（具体情况查看模型树），然后按照模型树所示步骤进行特征的创建，同时需要选取其他已创建零件（子组件）的点、线、面、基准平面等作为参照。

图6-62 "ADORNLOOP. PRT"模型树

（14）零件"DIANRONG. PRT"创建过程分析

打开零件"DIANRONG. PRT"，通过"着色"命令 ⬚ 查看零件实体图，如图6-63所示；点选"无隐藏线"图标 ⬚ 查看零件线框图，如图6-64所示；同时可由绘图区左侧"模型树"查看零件建模过程，如图6-65所示。同前，采用相同的方法记录"DIANRONG. PRT"零件的尺寸数据。

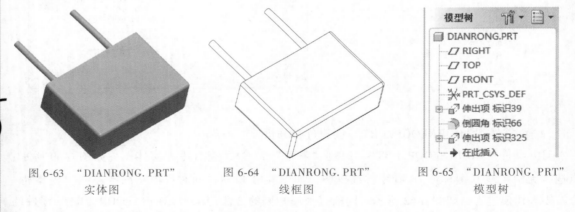

图6-63 "DIANRONG. PRT" 实体图   图6-64 "DIANRONG. PRT" 线框图   图6-65 "DIANRONG. PRT" 模型树

零件"DIANRONG. PRT"重建模主要使用的工具命令包括 ⬚ 伸出项 、⬚ 倒圆角 等，使用这些命令并按照模型树中的操作顺序重新创建该零件模型。

此零件通过"创建"命令 ⬚ 进行"自下而上"方式的创建，"创建选项"对话框中，"创建方法"选择"定位缺省基准"，"定位基准的方法"选择"三平面"。创建过程中同时需要选取其他已创建零件（子组件）的点、线、面、基准平面等作为参照，逐步进行该实体零件的创建。

（15）零件"CONTAINER2. PRT"创建过程分析

打开零件"CONTAINER2. PRT"，通过"着色"命令 ⬚ 查看零件实体图，如图6-66所示；点选"无隐藏线"图标 ⬚ 查看零件线框图，如图6-67所示；同时可由绘图区左侧"模型树"查看零件建模过程，如图6-68所示。同前，采用相同的方法记录"CONTAINER2. PRT"零件的尺寸数据。

图 6-66　"CONTAINER2. PRT"实体图

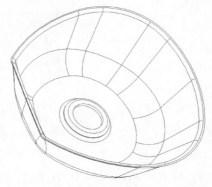

图 6-67　"CONTAINER2. PRT"线框图

零件"CONTAINER2. PRT"重建模主要使用的工具命令包括 ⌢⌓曲面、⌗ 曲面 、⌗ 曲面 、⌗ 伸出项 、⌗ 壳 、⌗ 伸出项 等，使用这些命令并按照模型树中的操作顺序重新创建该零件模型。

此零件通过"创建"命令 ⌗ 进行"自下而上"方式的创建，"元件创建"对话框中，"子类型"选择"钣金件"，零件采用钣金件的创建方式进行创建。

（16）零件"SPRING_2. PRT"创建过程分析

打开零件"SPRING_2. PRT"，通过"着色"命令 ⌗ 查看零件实体图，如图 6-69 所示；点选

图 6-68　"CONTAINER2. PRT"模型树

"无隐藏线"图标 ⌗ 查看零件线框图，如图 6-70 所示；同时可由绘图区左侧"模型树"查看零件建模过程，如图 6-71 所示。同前，采用相同的方法记录"SPRING_2. PRT"零件的尺寸数据。

图 6-69　"SPRING_2. PRT"
实体图

图 6-70　"SPRING_2. PRT"
线框图

图 6-71　"SPRING_2. PRT"
模型树

零件"SPRING_2. PRT"重建模主要使用的工具命令包括 ⌗⌗、⌗ 倒圆角 等，使用这些命令并按照模型树中的操作顺序重新创建该零件模型。

此零件通过"创建"命令 ⌗ 进行"自下而上"方式的创建，该零件为国标件，选择

"螺旋扫描"→"伸出项"命令进行创建。如图 6-72 所示，具体尺寸点选"定义"按钮进行查看和修改。

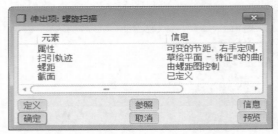

图 6-72　伸出项设置

(17) 零件"POWER-CORD. PRT"创建过程分析

打开零件"POWER-CORD. PRT"，通过"着色"命令 📦 查看零件实体图，如图 6-73 所示；点选"无隐藏线"图标 🔲 查看零件线框图，如图 6-74 所示；同时可由绘图区左侧"模型树"查看零件建模过程，如图 6-75 所示。同前，采用相同的方法记录"POWER-CORD. PRT"零件的尺寸数据。

图 6-73　"POWER-CORD. PRT"
实体图

图 6-74　"POWER-CORD. PRT"
线框图

图 6-75　"POWER-CORD. PRT"
模型树

零件"POWER-CORD. PRT"重建模主要使用的工具命令包括 📦 曲面、🟦 曲线、🔧 伸出项、🔩 倒圆角 等，使用这些命令并按照模型树中的操作顺序重新创建该零件模型。

该零件起示意作用，无实际的结构装配意义，创建方式与"CUTTER_BASE. PRT"近似。

(18) 零件"MICRO_SWITCH. PRT"创建过程分析

打开零件"MICRO_SWITCH. PRT"，通过"着色"命令 📦 查看零件实体图，如图 6-76 所示；点选"无隐藏线"图标 🔲 查看零件线框图，如图 6-77 所示；同时可由绘图区左侧"模型树"查看零件建模过程，如图 6-78 所示。同前，采用相同的方法记录"MICRO_SWITCH. PRT"零件的尺寸数据。

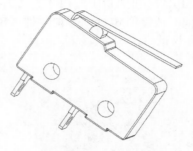

图 6-76　"MICRO_SWITCH. PRT"　　图 6-77　"MICRO_SWITCH. PRT"　　图 6-78　"MICRO_SWITCH. PRT"
实体图　　　　　　　　　　　　线框图　　　　　　　　　　　　模型树

零件 "MICRO_SWITCH. PRT" 重建模主要使用的工具命令包括 伸出项 、 倒圆角 、 、 等，使用这些命令并按照模型树中的操作顺序重新创建该零件模型。

此零件通过"创建"命令 进行"自下而上"方式的创建，"创建选项"对话框中，"创建方法"选择"定位缺省基准"，"定位基准的方法"选择"三平面"。创建过程中同时需要选取其他已创建零件（子组件）的点、线、面、基准平面等作为参照，逐步进行该实体零件的创建。

（19）零件 "DANGFENPIAN. PRT" 创建过程分析

打开零件 "DANGFENPIAN. PRT"，通过"着色"命令 查看零件实体图，如图 6-79 所示；点选"无隐藏线"图标 查看零件线框图，如图 6-80 所示；同时可由绘图区左侧"模型树"查看零件建模过程，如图 6-81 所示。同前，采用相同的方法记录 "DANGFENPIAN. PRT" 零件的尺寸数据。

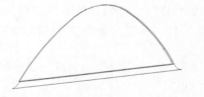

图 6-79　"DANGFENPIAN. PRT"　实体图　　　　　图 6-80　"DANGFENPIAN. PRT"　线框图

零件 "DANGFENPIAN. PRT" 重建模主要使用的工具命令包括 导入特征、 伸出项、 切剪等，使用这些命令并按照模型树中的操作顺序重新创建该零件模型。

此零件通过"创建"命令 进行"自下而上"方式的创建，"创建选项"对话框中，"创建方法"选择"定位缺省基准"，"定位基准的方法"选择"三平面"。创建过程中同时需要选取其他已创建零件（子组件）的点、线、面、基准平面等作为参照，逐步进行该实体零件的创建。

图 6-81　"DANGFENPIAN. PRT"
模型树

6

PROJECT

2. 零件设计变更和重建模

本节以零件"BASE.PRT"和"BODY.PRT"的装配位设计变更为例介绍零件设计变更和重建模的相关操作。

原始设计中,零件"BASE.PRT"和"BODY.PRT"之间由三个安装孔对应自攻螺钉进行固定连接,如图 6-82 所示;同时依靠图 6-83 所示的零件"BODY.PRT"上的装配翻边(内翻边)进行安装配合,以防零件松动。

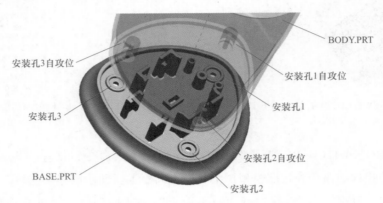

图 6-82　自攻螺钉安装位置

下面以此装配翻边特征为例,介绍将零件"BODY.PRT"的内翻边变更为外翻边的设计变更操作,以及零件"BASE.PRT"关联结构变更的具体操作。

(1)"BODY.PRT"内翻边特征去除

图 6-83　装配翻边(内翻边)

1)如图 6-84 所示,按住"Shift"键,点选"模型树"中零件"BASE.PRT"和"BODY.PRT"之外的其他零件节点,单击右键,在弹出的快捷菜单中选择"隐藏"命令,隐藏其他零件。从而只显示"BASE.PRT"和"BODY.PRT"两个零件模型。

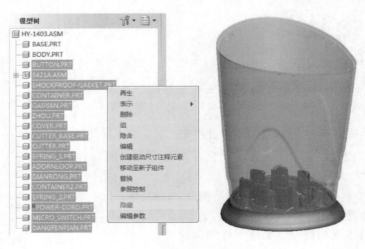

图 6-84　隐藏其他零件

2) 打开零件"BODY. PRT", 在建模窗口单独显示"BODY. PRT"模型, 在"模型树"中拖动节点"在此插入"到节点"切剪 标识 40022"下方, 如图 6-85 所示。

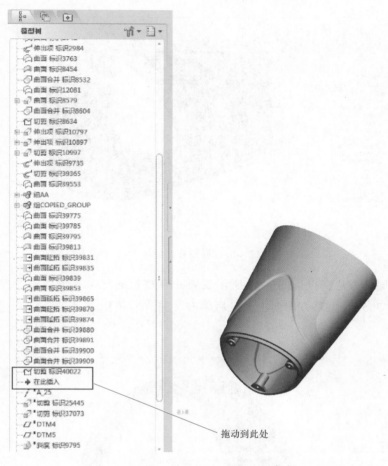

图 6-85　零件"BODY.PRT"建模窗口

3) 使用鼠标中键拖动、旋转零件"BODY. PRT"模型至图 6-86 所示角度, 在目标平面内两处不同位置间隔单击左键选中图 6-86 所示表面。

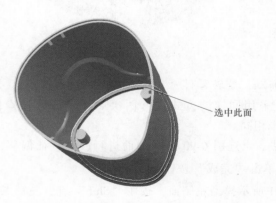

图 6-86　选中实体面

4) 选择 "编辑" → "偏移" 命令，继续选择 "展开特征" 偏移命令 ▊，参数设置如图 6-87所示，偏移方向向上，单击 "完成" 按钮 ☑ 退出。

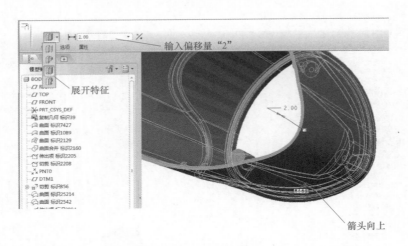

图 6-87　展开特征偏移 1

5) 采用相同的方法，点选图 6-88 所示安装孔自攻位的三个上表面进行展开特征偏移操作，偏移量为 "3.5"，偏移方向向上，最后单击 "完成" 按钮 ☑ 退出。

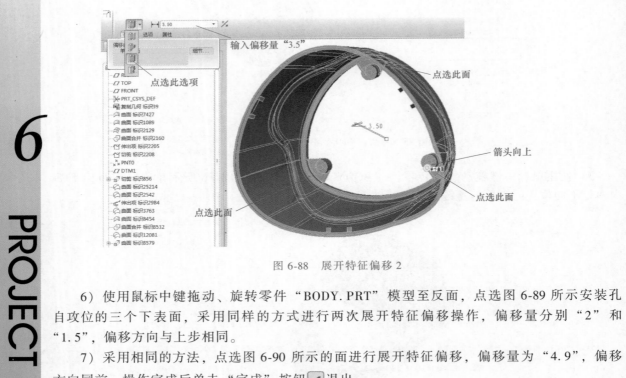

图 6-88　展开特征偏移 2

6) 使用鼠标中键拖动、旋转零件 "BODY. PRT" 模型至反面，点选图 6-89 所示安装孔自攻位的三个下表面，采用同样的方式进行两次展开特征偏移操作，偏移量分别 "2" 和 "1.5"，偏移方向与上步相同。

7) 采用相同的方法，点选图 6-90 所示的面进行展开特征偏移，偏移量为 "4.9"，偏移方向同前，操作完成后单击 "完成" 按钮 ☑ 退出。

8) 首先点选图 6-91 所示模型左侧面，按住 "Shift" 键，左键点击模型右侧面与左侧面的交线，则右侧面也被快捷连选选中。

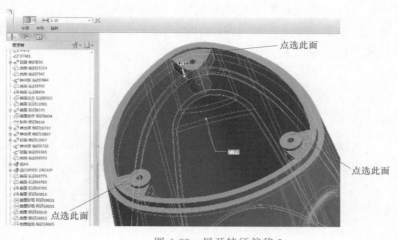

图 6-89 展开特征偏移 3

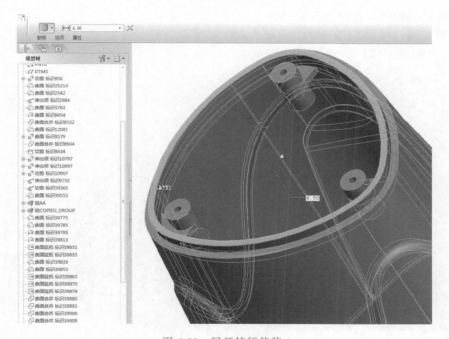

图 6-90 展开特征偏移 4

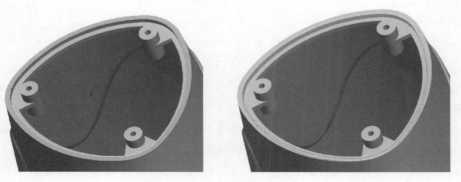

图 6-91 快捷连选曲面

6

PROJECT

采用相同的方法,进行所选曲面的展开特征偏移,偏移量为"0.5",偏移方向如图 6-92 所示,向外。操作完成后单击"完成"按钮 ✔ 退出,再单击窗口右上角"关闭"按钮,退出零件"BODY. PRT"模型的设计变更。

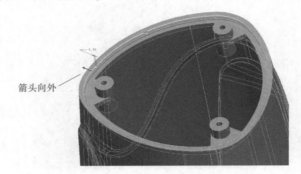

图 6-92　展开特征偏移 5

(2) "BASE. PRT"内翻边特征创建

1) 右键点选"模型树"中的"BASE. PRT"节点,打开零件"BASE. PRT",在建模窗口单独显示"BASE. PRT",如图 6-93 所示。

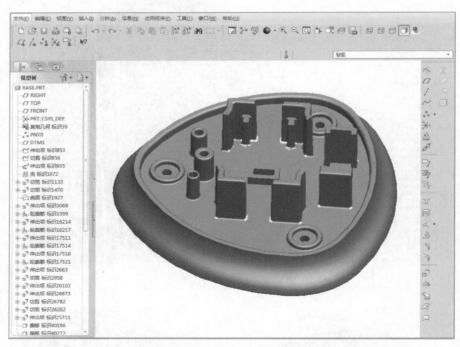

图 6-93　零件"BASE. PRT"建模窗口

2) 在"模型树"中右键点选"倒圆角 标识 1201"节点 ⌒ 倒圆角 标识1201,在弹出的快捷菜单中选择"编辑定义"命令,如图 6-94 所示。

3) 按住"Ctrl"键,点选图 6-95 所示内侧曲线,使该曲线处于不被选中的状态,单击"完成"按钮 ✔,使该曲线对应的圆角特征被取消。

4) 点选图 6-96 所示上表面,选择"编辑"→"偏移"命令,选择"具有拔模特征"偏移命令 📄,单击"参照"选项卡下"草绘"→"定义"按钮,进入草绘界面,如图 6-97 所示。

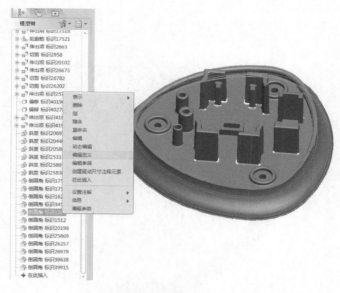

图 6-94　特征重定义

图 6-95　取消部分圆角特征

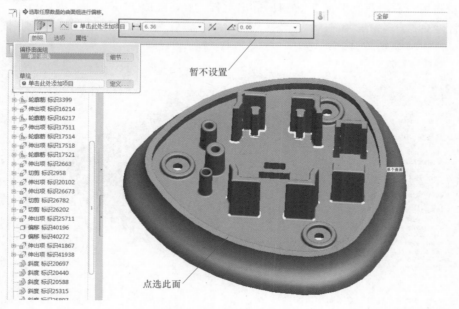

图 6-96　具有拔模特征的偏移

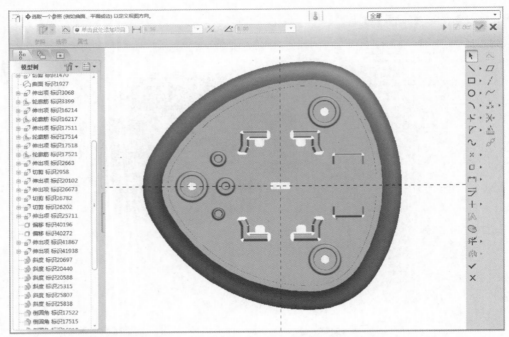

图 6-97　草绘界面

5）在右侧工具栏点选"偏移"按钮 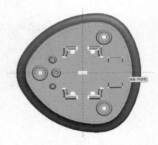，"类型"选择
"环"，点选图 6-98 所示曲面，单击"接受"按钮，输入偏距
"−1"，单击"确定"按钮 ☑ 后再单击"完成"按钮 ✔。返回
至"偏移"设置窗口，如图 6-99 所示，偏移量设置为"2"，角
度设置为"0.5"，单击"确定"按钮完成零件"BASE.PRT"
对应的内翻边特征。

最后单击窗口右上角"关闭"按钮，退出零件"BASE.PRT"
模型的设计变更。

图 6-98　偏移曲面边界曲面

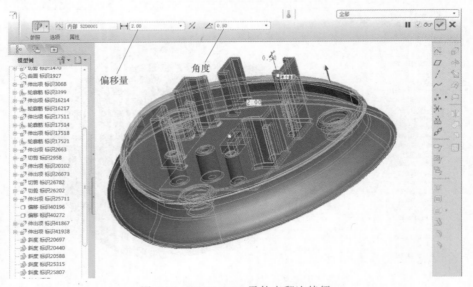

图 6-99　BASE.PRT 零件内翻边特征

（3）以元件切除方式创建"BODY.PRT"外翻边特征

1）选择"编辑"→"元件操作"→"切除"命令，依次点选零件"BODY.PRT"和"BASE.PRT"，单击"确定"按钮完成零件"BODY.PRT"外翻边特征创建。打开零件"BODY.PRT"，具有外翻边特征的零件模型如图 6-100 所示。

2）采用前述快捷连选操作方式选中图 6-101 所示外翻边的内侧曲面，选择"编辑"—

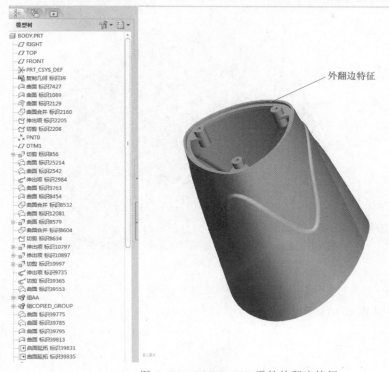

图 6-100　BODY.PRT 零件外翻边特征

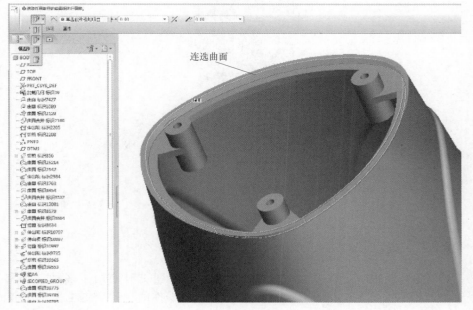

图 6-101　快捷连选曲面

"偏移"命令，继续选择"展开特征"偏移命令 ▦ ，如图 6-102 所示，设置装配间隙为 "0.2"，点击"确定"按钮完成零件"BODY.PRT"外翻边装配间隙的设置。

最后单击窗口右上角"关闭"按钮，退出零件"BODY.PRT"的设计变更。

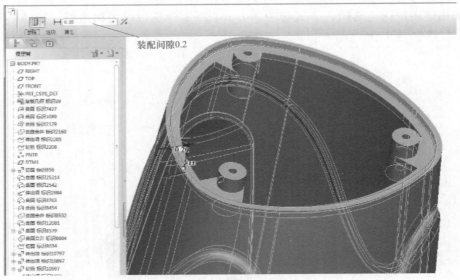

图 6-102　装配间隙设置

3）按住"Shift"键，点选"模型树"中其他零件，右键选择"取消隐藏"命令，则所有零件全部显示出来，如图 6-103 所示。

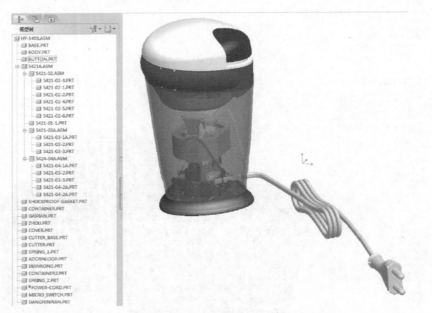

图 6-103　显示所有零件

上述零件"BASE.PRT"和"BODY.PRT"进行设计变更时使用了多种"偏移"命令，并进行了零件（组件元件）之间的"切除"操作，其他零件的设计变更也采用类似流程，并选用合适的基础建模工具进行零件模型的设计变更操作，因此不一一赘述。

（4）报错处理

以零件"BUTTON.PRT"为例，介绍重建模过程中可能遇到的报错情况及处理操作。

1）如图6-104所示，单击"再生"按钮后弹出再生报错信息，提示"某些特征再生失败"。此时单击按钮，弹出"再生管理器"对话框，如图6-105所示，提示零件"BUTTON.PRT"的"倒圆角 标识27125"特征为再生失败特征（变红显示），单击"取消"按钮回到零件建模主窗口。

图 6-104　再生报错信息

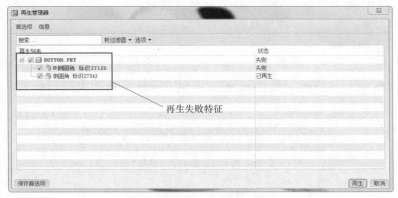

图 6-105　再生管理器

2）在"模型树"中右键单击"BUTTON.PRT"节点，打开零件"BUTTON.PRT"模型，再次单击"再生"按钮，则再生失败的特征在零件"BUTTON.PRT"模型树中标红显示出来，如图6-106所示。

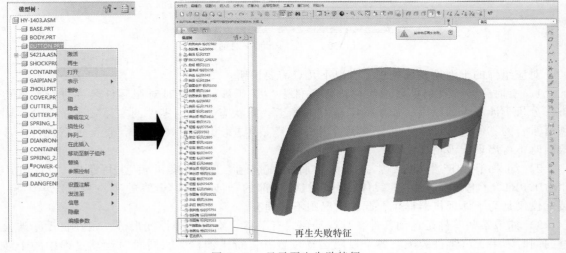

图 6-106　显示再生失败特征

3）右键单击再生失败的特征节点  ，在弹出的快捷菜单中选择"删除"命令，如图 6-107 所示，最后单击窗口右上角"关闭"按钮退出操作界面。

4）处理完成后再次单击"再生"按钮 ，提示图标由 变为 ，则说明零件模型中所有再生失败特征被处理完毕。

上述示例对再生失败特征采用"删除"的方式进行简单处理，其他处理方式及思路参考"任务三"中的内容。

3. 组件的干涉检验和零件的拔模检验

组件的干涉检验和零件的拔模检验作为产品设计工作最后的数据质检环节，是对产品后续加工可能出现的装配问题和模具加工问题进行的最后的模拟分析，合理地运用干涉检验工具和拔模分析工具对组件和零件进行检查有助于尽早发现问题，及时进行修正。

图 6-107 删除再生失败特征

（1）组件的干涉检验

在组件编辑窗口，选择"分析"—"模型"—"全局干涉"命令，参数设置如图 6-108 所示，设置完成后单击"确定"按钮 退出。零件之间的干涉信息将显示出来，如图 6-109 所示。

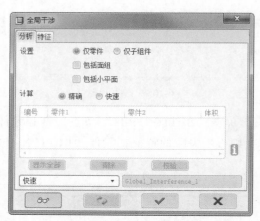

图 6-108 "全局干涉"对话框

对应组件的干涉检查及处理，有以下几点需要说明：

1）有时干涉检查结果显示组件内部零件发生了干涉，须及时对照零件名称进行检索检查，分析干涉产生的原因，如果确实是因为静态装配状态下不同零件的实体发生了重合，则须对重合的零件进行设计变更，采用适当的建模工具进行几何参数修改，直至重新进行干涉检验时不再出现干涉情况。

2）如果干涉产生的原因是非标零件装配产生，如豆浆机模型中零件 "POWER-CORD. PRT"（电线部分），其线体部分在机器内部的干涉不会对最终的实物装配产生影响，装配仅仅是为了体现机器样貌，此种情况则不必理会。

3）如果某些零件是运动部件，其运动形式有平移、旋转、弹性变形等，则在自动干涉检查的同时须手工将零件装配至各个极限运动位置并进行干涉检验，同时对运动过程中的干涉情况进行手工检查（可进行自动的运动机构仿真，限于篇幅，此处不予赘述），如有干涉，则

图 6-109　干涉检查结果

须对重合的零件进行设计变更，采用适当的建模工具进行几何参数修改，直至重新进行干涉检验时不再出现干涉情况。

（2）零件的拔模检验

以零件"BASE.PRT"的拔模检验为例，说明零件拔模检验的操作。

1）右键点选"模型树"中的零件"BASE.PRT"节点，打开零件"BASE.PRT"模型。

2）选择"分析"—"几何"—"拔模检测"命令，弹出"斜度"对话框，在窗口右上角过滤器下拉菜单中点选"元件"，如图 6-110 所示。

图 6-110　"斜度"对话框和过滤器下拉菜单

3）"曲面"点选窗口中零件"BASE.PRT"实体模型，"方向"点选图 6-111 所示位置，则整个零件的拔模分析结果以色谱分析的形式显示出来，如图 6-111 所示，同一拔模方向，斜度的正负须统一，否则为反拔。

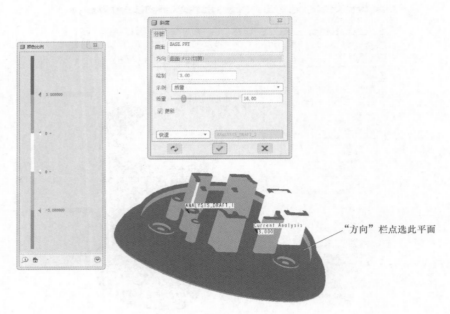

图 6-111　曲面和方向的选择

　　反拔情况在塑件产品设计中必须避免，否则会导致零件无法加工，拔模斜度的设计和常用数值可参考本书"项目一　产品数字化设计基础项目"中"产品结构设计细则"部分，如出现不符合条件的情况，则须采用适当的建模工具进行几何参数的修改，直至重新进行拔模分析不再出现反拔和斜度不符的情况。

任务三　零件失败特征处理及元件查找

任务描述

　　利用 Pro/E，查看和分析任务二中对各个零件进行重建模时产生的失败特征，掌握重新定义特征参数和删除特征两种处理方式，能够逐个零件、逐个特征进行重新生成的操作；并掌握采用元件查找方式重新查找丢失的零件的方法，能够再生组件，直至新的豆浆机整机组件模型生成成功。

相关知识

　　1. 重新定义特征参数（重新定义尺寸、重新定义参照、重新定义外部特征）的主要思路和具体的操作方式。
　　2. 删除特征的操作。
　　3. 失败特征处理方式的选择。

任务实施

1. 零件创建中的失败特征处理

　　在零件建模过程中，由于尺寸定义超出允许范围、参照特征发生变化或丢失、尺寸"关系"约束失效等原因，极易出现特征再生失败的问题，"特征失败"提示如图 6-112 所示。这时，需要进行失败特征的处理，防止失败特征导致后续组件建立失败的连锁反应。

（1）失败特征的查看　点击图标 ，弹出图 6-113 所示"再生管理器"对话框（以零件"SHOCKPROOF-GASKET.PRT"为例），其中再生失败的特征将显示为红色。关闭"再生管理器"对话框，在模型树中找到对应的失败特征，同样显示为红色，如图 6-114 所示。

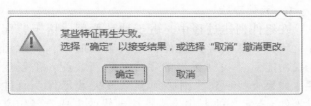

图 6-112　"特征失败"提示

图 6-113　再生管理器

图 6-114　失败特征在模型树中的显示

（2）失败特征的处理　失败特征的处理方法一般分为重新定义特征参数（重新定义尺寸、参照特征、外部特征）和删除特征两种方式。在实际操作中须按照具体的情况进行操作，如果失败特征所属零件与其他零件有直接的装配关系，或其他零件特征的创建点选了失败零件的相关特征作为参照，则直接删除失败特征将有可能导致与之装配零件的装配失败，或相关零件重新出现失败特征，所以在处理失败特征的过程中通常采用第一种方式。如果产生失败特征的零件与其他零件（或组件）不存在直接的装配关系和特征引用关系，失败特征较多且难以重新定义特征参数，则采取第二种方式。

以零件"SHOCKPROOF-GASKET.PRT"为例，说明第一种方式的具体操作，在模型树中自上而下依次用右键点选失败特征，命令条如图 6-115 所示，按照特征建模过程依次重新点选参照、重新定义特征尺寸。

其中，如果出现有内部草绘的失败特征，须进入草绘模式，依次点选"草绘"→"草绘设置"，重新定义"草绘平面"和"草绘方向"，如图 6-116 所示，并重新定义草绘尺寸及约束关系。

在模型树中自上而下对零件的每个失败特征重复上述操作，直至失败特征全部处理完毕，选择再生命令 再生零件，如果不再出现失败特征，则说明该零件失败特征全部处理完毕；关闭零件，进入组件，重新选择再生工具 再生组件，如果出现失败零件（模型树中对应零件变红），则在模型树中自上而下依次打开失败零件，重复上述操作，直至失败零件的全部失败特征处理完毕。

图 6-115　编辑定义失败特征

2. 元件查找

在组件创建过程中，由于种种原因，用于装配的零件（元件）丢失导致组件再生失败的时候，要运用元件查找功能重新找到丢失的零件，重新装配，重新生成组件。如果查找不到，则必须删除该失败零件，通过"创建零件+装配"的方式，或直接创建的方式重新定义该零件，再选择再生命令 再生组件，直至组件再生成功。

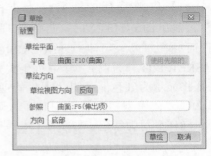

图 6-116　草绘设置

以零件"BASE.PRT"为例，说明元件查找具体操作，右键点选失败零件，在命令条中选择"检索丢失元件"命令，弹出"文件打开"对话框，如图 6-117 所示，在文件目录中查找同名零件。

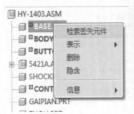

图 6-117　检索丢失元件

3. 组件的设计变更

该豆浆机采用"自上而下""自下而上"方式创建零件并通过装配方式创建组件，如果进行外观和结构上的设计变更，则参照上文所述操作，在模型树自上而下逐个右键点选目标零件选择"编辑定义"命令，进行尺寸和参照的重定义，从而达到修改设计的目的。由外部直接引入的母体特征和基准，需要直接对母体的特征进行逐一修改，以达到修改造型的目的，相关操作详见前文。

通过上述过程，对组件反复进行零件特征重定义、零件失败特征处理、元件查找和装配，以达到不断进行设计变更、更新产品的目的。这个过程由全参数驱动进行，高效、便捷，这也是利用全参平台 Pro/E 进行数字化产品设计最大的优势所在！

🔧 项目考核

豆浆机整机结构设计项目考核见表 6-1。

表 6-1　豆浆机整机结构设计项目考核

项目考核	考核内容	参考分值	考核结果	考核人
素质目标考核	遵守纪律	10		
	课堂互动	10		
	团队合作	10		
知识目标考核	产品设计思路的分析	10		
	零件创建方式的分析	20		
技能目标考核	特征重定义(再设计)	20		
	失败特征处理	20		
小计		100		

6

PROJECT

参 考 文 献

[1] 敖进，胡有慧. 工业设计工程基础 [M]. 重庆：西南师范大学出版社，2008.

[2] 吴立军，高舢，程亮. Pro/E Wildfire 4.0 三维造型技术教程 [M]. 北京：清华大学出版社，2010.

[3] 陈胜利，龙淑嫔，陈晨，等. UG NX8 产品设计与工艺基本功特训 [M]. 2 版. 北京：电子工业出版社，2014.

[4] 林清安. 完全精通 Pro/ENGINEER 野火 5.0 中文版入门教程与手机实例 [M]. 北京：电子工业出版社，2010.

[5] 林清安. 完全精通 Pro/ENGINEER 野火 5.0 中文版钣金设计 [M]. 北京：电子工业出版社，2010.

[6] 林清安. 完全精通 Pro/ENGINEER 野火 5.0 中文版模具设计高级应用 [M]. 北京：电子工业出版社，2012.

[7] 潘常春，李加文，卢骏. 逆向工程项目实践 [M]. 杭州：浙江大学出版社，2014.

[8] 黎恢来. 产品结构设计实例教程：入门、提高、精通、求职 [M]. 北京：电子工业出版社，2013.

[9] 展迪优. UG NX 8.0 产品设计实例精解 （典藏版）[M]. 北京：机械工业出版社，2015.

[10] 袁锋. UG 机械设计工程范例教程 （CAD 数字化建模篇）[M]. 3 版. 北京：机械工业出版社，2014.